制度、名物与史事沿革系列

兵器史话

A Brief History of Weapons in China

杨毅　杨泓 / 著

社会科学文献出版社
SOCIAL SCIENCES ACADEMIC PRESS (CHINA)

图书在版编目（CIP）数据

兵器史话/杨毅，杨泓著 .—北京：社会科学文献出版社，2011.12（2014.8 重印）
（中国史话）
ISBN 978 - 7 - 5097 - 2846 - 8

Ⅰ.①兵… Ⅱ.①杨…②杨… Ⅲ.①武器 - 军事史 - 中国 - 古代 Ⅳ.①E92 - 092

中国版本图书馆 CIP 数据核字（2011）第 222338 号

"十二五"国家重点出版规划项目

中国史话·制度、名物与史事沿革系列

兵器史话

著　　者 / 杨　毅　杨　泓

出 版 人 / 谢寿光
出 版 者 / 社会科学文献出版社
地　　址 / 北京市西城区北三环中路甲 29 号院 3 号楼华龙大厦
邮政编码 / 100029

责任部门 / 人文分社 （010）59367215
电子信箱 / renwen@ ssap. cn
责任编辑 / 黄　丹　乔　鹏
责任校对 / 范　迎
责任印制 / 岳　阳
经　　销 / 社会科学文献出版社市场营销中心
　　　　　（010）59367081　59367089
读者服务 / 读者服务中心 （010）59367028

印　　装 / 北京画中画印刷有限公司
开　　本 / 889mm×1194mm　1/32　印张 / 6.625
版　　次 / 2011 年 12 月第 1 版　字数 / 130 千字
印　　次 / 2014 年 8 月第 2 次印刷
书　　号 / ISBN 978 - 7 - 5097 - 2846 - 8
定　　价 / 15.00 元

本书如有破损、缺页、装订错误，请与本社读者服务中心联系更换
版权所有　翻印必究

《中国史话》编辑委员会

主　　任　陈奎元

副主任　武　寅

委　　员　（以姓氏笔画为序）
　　　　　卜宪群　王　巍　刘庆柱
　　　　　步　平　张顺洪　张海鹏
　　　　　陈祖武　陈高华　林甘泉
　　　　　耿云志　廖学盛

总　序

中国是一个有着悠久文化历史的古老国度,从传说中的三皇五帝到中华人民共和国的建立,生活在这片土地上的人们从来都没有停止过探寻、创造的脚步。长沙马王堆出土的轻若烟雾、薄如蝉翼的素纱衣向世人昭示着古人在丝绸纺织、制作方面所达到的高度;敦煌莫高窟近五百个洞窟中的两千多尊彩塑雕像和大量的彩绘壁画又向世人显示了古人在雕塑和绘画方面所取得的成绩;还有青铜器、唐三彩、园林建筑、宫殿建筑,以及书法、诗歌、茶道、中医等物质与非物质文化遗产,它们无不向世人展示了中华五千年文化的灿烂与辉煌,展示了中国这一古老国度的魅力与绚烂。这是一份宝贵的遗产,值得我们每一位炎黄子孙珍视。

历史不会永远眷顾任何一个民族或一个国家,当世界进入近代之时,曾经一千多年雄踞世界发展高峰的古老中国,从巅峰跌落。1840年鸦片战争的炮声打破了清帝国"天朝上国"的迷梦,从此中国沦为被列强宰割的羔羊。一个个不平等条约的签订,不仅使中国大量的白银外流,更使中国的领土一步步被列强侵占,国库亏空,民不聊生。东方古国曾经拥有的辉煌,也随着西方列强坚船利炮的轰击而烟消云散,中国一步步堕入了半殖民地的深渊。不甘屈服的中国人民也由此开始了救国救民、富国图强的抗争之路。从洋务运动到维新变法,从太平天国到辛亥革命,从五四运动到中国共产党领导的新民主主义革命,中国人民屡败屡战,终于认识到了"只有社会主义才能救中国,只有社会主义才能发展中国"这一道理。中国共产党领导中国人民推倒三座大山,建立了新中国,从此饱受屈辱与蹂躏的中国人民站起来了。古老的中国焕发出新的生机与活力,摆脱了任人宰割与欺侮的历史,屹立于世界民族之林。每一位中华儿女应当了解中华民族数千年的文明史,也应当牢记鸦片战争以来一百多年民族屈辱的历史。

当我们步入全球化大潮的21世纪,信息技术革命迅猛发展,地区之间的交流壁垒被互联网之类的新兴交流工具所打破,世界的多元性展示在世人面前。世界上任何一个区域都不可避免地存在着两种以上文化的交汇与碰撞,但不可否认的是,近些年来,随着市场经济的大潮,西方文化扑面而来,有些人唯西方为时尚,把民族的传统丢在一边。大批年轻人甚至比西方人还热衷于圣诞节、情人节与洋快餐,对我国各民族的重大节日以及中国历史的基本知识却茫然无知,这是中华民族实现复兴大业中的重大忧患。

中国之所以为中国,中华民族之所以历数千年而不分离，根基就在于五千年来一脉相传的中华文明。如果丢弃了千百年来一脉相承的文化，任凭外来文化随意浸染，很难设想13亿中国人到哪里去寻找民族向心力和凝聚力。在推进社会主义现代化、实现民族复兴的伟大事业中，大力弘扬优秀的中华民族文化和民族精神，弘扬中华文化的爱国主义传统和民族自尊意识，在建设中国特色社会主义的进程中，构建具有中国特色的文化价值体系，光大中华民族的优秀传统文化是一件任重而道远的事业。

当前，我国进入了经济体制深刻变革、社会结构深刻变动、利益格局深刻调整、思想观念深刻变化的新的历史时期。面对新的历史任务和来自各方的新挑战，全党和全国人民都需要学习和把握社会主义核心价值体系，进一步形成全社会共同的理想信念和道德规范，打牢全党全国各族人民团结奋斗的思想道德基础，形成全民族奋发向上的精神力量，这是我们建设社会主义和谐社会的思想保证。中国社会科学院作为国家社会科学研究的机构，有责任为此作出贡献。我们在编写出版《中华文明史话》与《百年中国史话》的基础上，组织院内外各研究领域的专家，融合近年来的最新研究，编辑出版大型历史知识系列丛书——《中国史话》，其目的就在于为广大人民群众尤其是青少年提供一套较为完整、准确地介绍中国历史和传统文化的普及类系列丛书，从而使生活在信息时代的人们尤其是青少年能够了解自己祖先的历史，在东西南北文化的交流中由知己到知彼，善于取人之长补己之短，在中国与世界各国愈来愈深的文化交融中，保持自己的本色与特色，将中华民族自强不息、厚德载物的精神永远发扬下去。

《中国史话》系列丛书首批计200种，每种10万字左右，主要从政治、经济、文化、军事、哲学、艺术、科技、饮食、服饰、交通、建筑等各个方面介绍了从古至今数千年来中华文明发展和变迁的历史。这些历史不仅展现了中华五千年文化的辉煌，展现了先民的智慧与创造精神，而且展现了中国人民的不屈与抗争精神。我们衷心地希望这套普及历史知识的丛书对广大人民群众进一步了解中华民族的优秀文化传统，增强民族自尊心和自豪感发挥应有的作用，鼓舞广大人民群众特别是新一代的劳动者和建设者在建设中国特色社会主义的道路上不断阔步前进，为我们祖国美好的未来贡献更大的力量。

2011年4月

⊙杨 毅

作者小传

　　杨毅，1955年10月出生于北京市。1976年12月到考古研究所工作，1978年2月在编辑室工作至今。1985年毕业于中国社会科学院研究生院职工大学中文系。现任《考古学报》责任编辑，副研究馆员。编辑过考古杂志社各种考古学期刊《考古》、《考古学报》、《考古学集刊》。并编辑《临猗程村墓地》等数十部大型田野考古报告。主要撰写论文《中国古代剪刀》，收于《探古求原——考古杂志社成立十周年纪念学术文集》，科学出版社，2007年。

⊙杨　泓

作者小传

　　杨泓，满族，1935年生，1958年北京大学毕业。中国社会科学院考古研究所研究员、中国社会科学院研究生院考古系教授、博士生导师。曾被聘任为《中国军事百科全书》（第一版）分支学科《古代兵器》主编。

目 录

一 兵器起源 …………………………………… 1
　1. 兵器与生产工具分离 ………………………… 1
　2. 涿鹿之战和蚩尤造兵 ………………………… 4
　3. 羿射九日的神话 ……………………………… 7
　4. 史前兵器 ……………………………………… 9

二 青铜生辉 …………………………………… 14
　1. 跨入青铜时代 ………………………………… 14
　2. 二里头文化的发现 …………………………… 15
　3. 殷商铜兵 ……………………………………… 17
　4.《考工记》的启示 …………………………… 23

三 战车驰骋 …………………………………… 26
　1. 安阳殷车 ……………………………………… 26
　2. 驷介旁旁 ……………………………………… 29
　3. 车战五兵 ……………………………………… 34
　4. 秦皇战车 ……………………………………… 41

1

四 钢铁威力 ………………………………… 45
1. 钢铁兵器的出现 ……………………… 45
2. 钢铁兵器取代青铜兵器 ……………… 51
3. 兵器类型的多样化 …………………… 55
4. 环首刀与强弩 ………………………… 63

五 甲胄春秋 ………………………………… 72
1. 殷周甲胄 ……………………………… 72
2. 秦甲类型 ……………………………… 82
3. 汉代铁铠 ……………………………… 87
4. 裲裆和明光 …………………………… 94
5. 唐代铁铠 ……………………………… 98

六 铁骑纵横 ………………………………… 101
1. 扬威漠北 ……………………………… 101
2. 马镫源流 ……………………………… 108
3. 马矟代戟 ……………………………… 112
4. 甲骑具装 ……………………………… 119
5. 铁铠轻骑 ……………………………… 122

七 兵器集成 ………………………………… 125
1. 冷兵器集成 …………………………… 125
2. 砲和床弩 ……………………………… 138
3. 攻守器械 ……………………………… 144
4. 火药初露锋芒 ………………………… 148

八 火器神威 ·············· 157

1. 原始火器 ·············· 157
2. 元代火铳 ·············· 159
3. 明初火铳 ·············· 162
4. 佛郎机、红夷炮和鸟铳 ·············· 167
5. 无敌大将军 ·············· 179

参考书目 ·············· 186

一　兵器起源

兵器与生产工具分离

中国远古时期，人类的祖先为了生存，把石块、木棒、藤索等简单加工成斧、钺、弓箭等生产工具，用其猎取禽兽以获得食物，并且用来对付猛兽的袭击。随着社会的进化，氏族部落的形成，原始人类的生存竞争加剧，部落之间的争斗不断。在争斗中，凡是能够利用的带锋刃的工具都被人们用来相互残杀，于是那些生产工具兼有了杀伤兵器的功能。为了在争斗中取得胜利，原有的生产工具难以胜任，这迫使人们去制作更有威力的专门的杀伤工具，于是兵器从生产工具中分化出来。这个过程经历了漫长的岁月。原始社会晚期，伴随着生产力的不断发展，萌发了私有制，开始由部落联盟向有阶级的国家过渡。为了更多地占有领地和财富，战争不断升级，专门用于杀伤的兵器开始出现。

在原始社会的生产工具中，石斧是用途最广泛的砍伐器。人们渔猎、伐木等都离不开石斧。在已经发掘的新石器时代的墓葬中，男子常常随葬石斧，它几乎是男子劳动的象征物。这类具有广泛用途的带有锋刃的工具，也正是最早被人类用来相互残杀的工具之一。为了使石斧更具有杀伤威力，人们在制作过程中逐渐改变石斧的外形，减薄斧体，加大刃面，终于形成专门用于作战的兵器。研究人员在江南和北方等地的新石器时代遗址，发现了一种穿孔石斧，它体薄而有宽弧刃，有的上部有双肩，其特征明显不同于一般的生产工具，应属于专用的兵器。这种有宽弧刃的兵器被称为"钺"（见图1-①）。在山西襄汾陶寺新石器时代遗址发掘出的1件石钺，呈长方形，一侧中部钻一孔，并留有涂饰红彩的木柄痕迹，表明当时这件石钺是缚在木柄上使用的。

在河南临汝阎村新石器时代遗址出土的1件陶缸，高47厘米，饰有彩绘的图像。图像的右侧画有一柄石钺，石钺柄部的顶端和尾端都有装饰。柄上缠有绳索等物品，很像后世缠在剑柄上便于握执的剑䍁，绳索绑缠的纹样和色彩颇具装饰美感。图像的左侧绘着一只嘴上衔着鱼的鹳鸟，通体饰白色，高傲直立，圆目瞪视，用它的长喙啄着一条大鱼。鱼嘴被鹳鸟啄住，整身下坠，僵硬死板，毫无生气（见图1-②）。经有关专家考证，鹳鸟和大鱼可能分别为两个原始部落的"图腾"。这幅彩绘画的含义，大概是以鹳鸟为图腾的氏族部落征服了以大鱼为图腾的氏族部落，而那柄石钺，已经不是普通的兵器，而是胜利和权威的象征物。

人们在制作钺时，选择最美丽的玉石为原料，经过精细的加工，制成玉钺，作为氏族首领，特别是军事首领们佩带的兵器。玉钺除了具有兵器的功能外，还被作为持有者身份和权力的标志。浙江省余杭反山新石器时代良渚文化遗址出土的玉钺是这一标志的例证。那些制作精美的玉钺，在顶端和尾端有玉质的冠饰或端饰，多放置在墓中尸体的左侧，或许原来下葬时握在死者的手中。其中1件带有少许褐斑的青玉钺弧刃的上下两角，都有精细的浅浮雕纹样。上角刻有一个"神徽"，神人巨目阔嘴，头上戴着羽毛冠饰；下角刻有一只"神鸟"，鸟的头、翼、身均作了变形夸张。"神徽"雕琢精美，画面神秘，与原始宗教有着密切的关联（见图1-③）。在余杭瑶山还发现了一处良渚文化的祭坛遗址，在祭坛下墓中发现的玉钺外形和雕琢精美的程度都与反山出土的相似（见图1-④）。瑶山发现的墓被葬于神圣的祭坛处，故推测死者的身份可能是专司祭祀的巫师。巫师是部族内的特殊阶层，或许同时还是酋长兼军事首领。反山墓地是由人工堆筑的巨大土坛，动用了多达2万多立方米的土。在生产力低下的原始社会，构筑如此花费人力、物力的墓地，所葬入的死者生前必定是部族中拥有相当权威的首领。部族首领们为了维护自己的地位和权势，扩大领地和财富，经常动用武力去征服其他的部落或部落联盟。这就导致原始战争更加残酷和激烈，因而进一步迫使人们去制造更具有杀伤威力，适合战争需要的兵器。

兵器史话

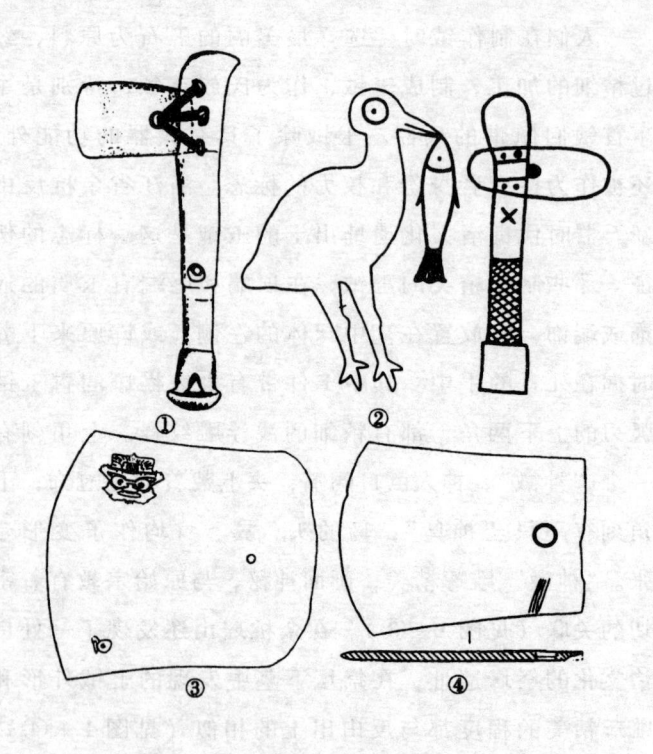

图 1　兵器

①新石器时代陶钺模型　②河南临汝阎村陶缸上的石斧图
③浙江余杭反山良渚墓出土的玉钺　④浙江余杭瑶山出土的玉钺

涿鹿之战和蚩尤造兵

提到中国史籍中记载的年代最久远的战争，人们无疑会联想到著名的涿鹿之战。那是在原始社会晚期，以黄帝为首的北方部落联盟和以蚩尤为首的南方部落联盟之间在涿鹿之野发生的一场激战。传说蚩尤在作战时散播浓雾，使敌方的军阵笼罩在浓烟密雾之中，而铜头铁额的蚩尤在浓雾中或隐或现。蚩尤还得到魑魅魍魉的助战，致使黄帝的军队屡屡战败。为了摆脱浓雾的围困，黄帝的一位臣子风后造出指南车，从而辨明了方向。黄帝还得到水神应龙和旱女魃的帮助，终于战胜了蚩尤。

为了适应战争的需要，仅仅利用带锋刃的生产工具作战已远远不够，严酷的现实迫使人们改进并发明新型的兵器。因为涿鹿之战被认为是中国历史上最早的重要战争，所以人们常把兵器的发明归功于那场战争的胜利者黄帝和失败的英雄蚩尤，这在各种古籍中有不同的记述。山东临沂银雀山汉墓出土的竹简《孙膑兵法》中说，剑是黄帝发明的。《世本》中说，弓和箭是黄帝的臣子挥和夷牟发明的。《世本·作篇》又记载，蚩尤作兵，蚩尤作五兵。"五兵"是对中国古代兵器的泛称。在汉代画像石或雕刻中出现的蚩尤像是一个形体似人，又有兽爪的猛兽，利牙露外，两耳竖立，面目狰狞。在他的手中、头顶、身旁佩持各种兵器：一般头上顶着弩弓，手中握着戟、剑、钺、刀等，总数都是五件（见图2）。蚩尤的下场，一说是涿鹿之战后，黄帝并未杀蚩尤，而是让他主兵，后成为军神，受到人们的称颂。《史记·五帝本纪》的注文所引的《龙鱼河图》中载，上天差遣玄女下凡传授黄帝兵符，才制伏了蚩尤，然后黄帝让蚩尤主兵，以制八方。后来蚩尤死了，天下大乱，黄帝又将蚩尤的画像送到各地，以表明他并没有死。人们以为蚩尤还活在人间，因此八方又臣服于黄帝。据《史记》载，秦始皇东游海上，行礼祠名山大川及八神。

八神之中的第三神就是"兵主",祠蚩尤。《史记·天官书》中记载:"蚩尤之旗,类彗而后曲,象旗。见则王者征伐四方。"湖南长沙马王堆 3 号西汉墓出土的帛书《天文气象杂占》中有一颗拖着后尾长而勾曲的圆星,下面榜题有"蚩又(尤)旗,兵在外归"。证实这些作于公元前 2 世纪中叶的星图与《史记·天官书》的记载正相符合。到了汉代,凡都城均建有蚩尤祠,且离存放兵器的武库相距较近。古时黄帝曾有"过武库,祭蚩尤"之命令,把蚩尤尊为军神。这种祭蚩尤的做法在中国沿袭了很久,直到唐代还保持着出兵祭蚩尤的习俗。

图 2　汉代画像石中的蚩尤像

3 羿射九日的神话

传说羿为颛顼的后裔，以善射称世。尧帝时代，十日并出，争相将炽热的火焰射向大地，使得江河干涸，土地龟裂，稼禾枯萎，灾难降临到人间。羿登上高山，遥望碧空，张开红色的强弓，搭上白色的长箭，弓弦响处，箭似流星般划破苍穹，射中其中最大的太阳。它炽热的光轮立时炸裂，流火乱飞，落下一片金色的羽毛，接着坠落下一只硕大无比的三足乌鸦。它的头颅正好被利箭射穿。其他的太阳被眼前的情景吓得在空中四散奔逃。羿连续发出利箭，射透一个个太阳的头颅，只剩下最小的太阳躲藏在浓密的枝叶中，幸免于难。

在这美丽的神话中，古老的远射兵器弓箭，得到像神奇勇士般的赞美。古代传说描述了羿的伟绩，也因此把弓箭的发明归功于他。据山东临沂银雀山汉墓竹简《孙膑兵法》的《势备篇》记载："羿作弓弩，以势象之。"其实弓箭真正的发明时代，比传说中羿的年代更为久远。1963 年在山西朔县峙峪村发掘的旧石器时代晚期遗址中，发现有 1 枚打制石镞，长约 2.8 厘米，用薄燧石长片制成，做工精细，前锋锐利（见图 3－①）。遗址经放射性碳十四测定，其年代距今为 28900 年左右。这一重要的考古发现，把中国古代弓箭发明的时间提早到旧石器时代晚期。至于人类最初懂得使用弓箭的年代，应比这种较精细的石镞的时代还要早，至少在距今3万年以前。最初人类还不懂得在箭上装石镞。《易·系辞》中说，弓箭最初的形态是"弦木为弧，剡木为矢"。也就是用单片的木头或竹子弯曲成弓体，再将木棍或竹竿的一端削尖成箭。弓箭这项古代的重要发明，表现出人类已懂得通过机械储存起能量。古人选用能弯曲变形富有弹性的木材制作弓体，用坚韧的弦把它拉紧，再用力拉弦而迫使弓变形，使能量储存进去。把弦猛然松开，被拉紧的弓体急速复原，这样就把储存的能量释放作用于箭杆，将扣在弦上的利箭弹射出去。弓的弹力越强射程越远（见图3－②）。在以狩猎和畜牧经济为主的原始氏族，弓箭的发明为人类抵御猛兽和猎物立下了丰功。

图3 兵器

①旧石器时代晚期石镞
②弓箭示意图

旧石器时代晚期遗址中虽已发现石镞，但大量使用还是在新石器时代以后。那时原始的弓箭得以进一步改进，弓体由简陋的单体弓发展为复合弓，加大了弓的弹力。竹、木箭杆头端装上坚硬锐利的箭头，木箭尾加羽，以增强箭的穿透和杀伤力，加强其稳定性。不过因弓箭由木、竹制造，极易腐朽，很难完整地保存至今。所以至今在我国各地新石器时代的遗址发掘中，还没有发现完整的弓箭遗存，只有装在箭上的以石、骨制成的镞大量被发掘出土。

弓箭制造技术的改进和完善，使原始部落的猎手能射中更多的禽兽，但也使弓箭逐渐成为人们相互残杀的工具，给人类带来流血和死亡。1966年春，江苏邳县大墩子遗址第二次发掘的316号墓中，葬有一具成年男性的尸骨，身高1.64米，手中握着骨匕首，左肱骨下置石斧，他生前可能是位武士。他的左股骨上被箭射中，那枚断折的三角形骨镞残段遗留在尸骨中，深2.7厘米。经放射性碳十四测定，其年代约为公元前4494±300年。在云南元谋大墩子发掘的一处新石器时代遗址中，同样获得用弓箭杀人的考古资料，据测定为公元前1260±90年。弓箭用于杀人而成为争战的兵器，应与私有制的确立，阶级社会的出现分不开。在中国的古代传说中，除了认为羿是弓箭的发明者外，也有人认为是黄帝的臣子"挥作弓"、"夷牟作矢"，强调"以威天下"，鲜明地阐述了弓箭的军事作用。

史前兵器

原始战争的严酷和频繁，促使原始社会开始向阶级社会转变，兵器最终和生产工具相分离。

经过原始人加工过的木棒是最古老的兵器之一。原始人同猛兽搏斗、狩猎都离不开木棒。当人们把木棒作为兵器用于战争时，就必须改变它的形状和性能，以符合作战的需要。原始木棒要保存到现代是很困难的，到目前在所有新石器时代遗址的发掘中，都很难寻到原始木棒的踪迹，因此只能从民族学的资料中得到启示。在我国台湾兰屿居住的耶美人在20世纪初还处于原始社会阶段，他们使用的兵器对我们研究原始兵器颇有启发。耶美人用的木棒一般长2.8米，头部修削成近似刀的形状，中部修削得较细，大概是为了便于执握的缘故。这种木棒是耶美人在氏族战争中使用的一种重要兵器。

原始人在木棒的头端绑缚上一块石头，就形成原始的石锤。为了把木柄安装牢固，他们又在锤头中心钻上圆孔，把锤头和边缘琢磨出尖凸的刃齿。吉林西团山遗址发掘中出土了多件石锤。

把木棒的头部修削成尖状，就是原始的矛枪。和原始箭的发展演变相同，矛枪是从削尖头的木棒发展到在上面缚上石矛头或骨矛头，并用于狩猎，以后转化成兵器。在新石器时代，石矛头开始出现，这种石矛头在仰韶文化、大汶口文化和龙山文化遗址中多有出土。如山东潍坊姚官庄遗址中发掘出土的7件石矛头，多用千枚岩制成，其中一件长15厘米，两面居中部有脊棱，剖面为菱形。

戈是具有民族特色的古代兵器，其雏形曾出现在广东地区新石器时代晚期的一些遗址中，可能是起源于原始农业中使用的石镰或蚌镰。石镰和蚌镰是收割庄稼的生产工具，它们的钩割效能使其在原始氏族的战斗中被用来钩砍敌人。

在耶美人那里，不仅可以看到原始的进攻性兵器，也保留着防护装具的原始形态。耶美人的原始防护装具有甲胄和盾牌，它们都是用藤条或藤皮编制而成的。藤甲的外形很像一件前面开身的坎肩。编制时后背先用纵横各3根的粗藤条编成框架，然后用大约30根左右缠着藤皮的较细藤条，上下横编在框架上，形成身长约50厘米，肩宽38厘米的略呈长方形的背甲。前胸分左右两部分，编织方法与编织背甲的方法相似，再从两侧腋下与背甲编成一体，上面留出袖孔以伸出双臂（见图4-②）。为了增强防护的效能，耶美人有时在藤甲的表面贴上一层鲍鱼的硬皮。除了藤甲外，还有用藤条编制而成的胄，用来防护头部。耶美人还有用藤条编制而成的盾牌，这种盾牌是用粗藤条编成的，大小不一，高度约相当于人体高度的四分之一或二分之一，以便用来遮护战士的躯体。

原始人的甲胄和盾牌除了采用藤木等材料编织外，通常还选用兽皮制作。初始时人们只把整张的兽皮披裹在身上，以抵御对方的攻击，后来开始裁制加工。如20世纪初云南省傈僳族曾使用过一种原始的皮甲，将两张生牛皮缝在一起，长度约1米，然后在上面开一个舌形的缝，沿缝把切开的皮革掀起来，这就是皮甲的领口，士兵把头从领口伸出来。皮甲的下半部垂在胸前，另外一大半垂在背后，在腋下用绳索将前后两部分联结起来（见图4-①、③）。

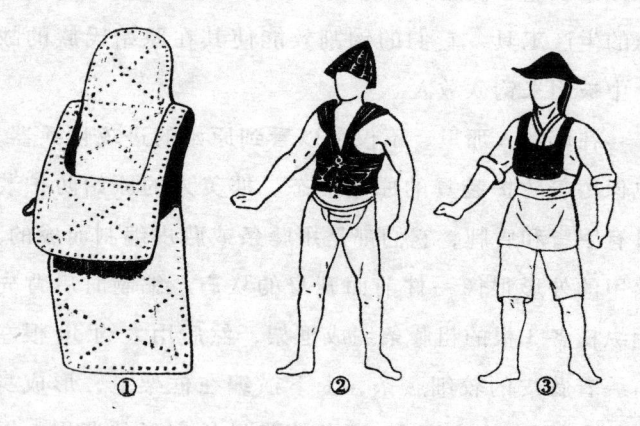

图4 皮甲

①云南傈僳族的皮甲 ②台湾兰屿耶美人藤甲 ③云南傈僳族皮甲

到新石器时代晚期，原始的进攻性兵器和防护装具已经形成体系。进攻性兵器包括远射兵器、格斗兵器和卫体兵器。远射兵器主要是弓箭，在箭端装上以石、骨、蚌制作的箭镞，特别是穿刺和杀伤力较强的、用石块磨制成的三棱锥体石镞，还有用以投掷的石球和陶球等。格斗兵器有能够砍杀的石斧、钺等，还有能够扎刺对方的骨矛和石矛，砸击对方的木棒和石锤，能够钩啄的石戈等。卫体兵器有石头或兽骨制成的匕首或短矛，还有嵌装石刃的骨匕首等。防护装具主要是甲胄和盾牌，多采用藤条、皮革等材质编制而成。

随着原始社会的解体，生产力的提高，科学技术的进步，落后的生产方式已不能适应人类生存的需要。人们对财富和权力的追求使得原始战争逐步升级，兵器最终从生产工具中分离出来，而且促使原始兵器的制造业形成一定的体系，从而使我国的兵器发展有了一个良好的开端。

二　青铜生辉

1　跨入青铜时代

公元前 21 世纪，中国出现了历史上第一个王朝——夏。大约在这一时期，中国进入了青铜时代。青铜时代的历史从夏开始，经历了商、西周、春秋到战国，前后延续近 2000 年左右。人类对青铜冶铸技术的掌握，使得人们开始懂得用青铜制造兵器，促使兵器的制造业迈进了新的发展阶段。

人类在跨入青铜时代之前就对金属铜有了初步的认识。最早被人类认识的大约是自然界中天然存在的红铜，它可能是在人们寻找各种适合于制造工具的石料时而被发现的。红铜比石料坚硬，富有光泽。人类经历了艰苦曲折的历程，逐渐探索出冶铸金属的奥秘，跨过了通往青铜时代的门槛。至于古代人们何时开始冶炼红铜，现在还没有找到准确的答案，但从我国目前获得的田野考古资料中得知，最早的铜质工具是甘肃东乡林家遗址和甘肃永登蒋家坪遗址中发现的铜刀，属于青铜器，用单范铸成，距今 5000～4000 年。在山东的龙山文化遗址中出土过一些小型的铜制工具，其中山东胶县三里河出土的铜锥，经过鉴定是黄铜器，距今 3000 多年。在甘肃、青海齐家文化遗址中出土的一些小型铜工具，除了多数为红铜制品外，还有少数为青铜器。在甘肃永靖秦魏家、大何村、武威皇娘娘台都发现了刀、锥、凿、斧等铜质工具。青海贵南尕马台遗址中出土了直径 8.9 厘米的铜镜，铜镜的背面铸有七角星纹饰，制作较为精细。这些铜器多采用锻、铸法。从东乡林家出土的青铜刀和永登蒋家坪出土的残铜刀来看，我国在夏代之前就已出现了青铜器物，虽然没有完全进入青铜时代，但是离青铜时代为期不远了。到夏代时，人们逐渐掌握了用铜、锡、铅按不同配比冶铸青铜器的技术，随着冶铸炉中烈火的熊熊燃烧，中国开始跨入青铜时代。

山东龙山文化遗址和甘肃、青海齐家文化遗址出土的小型铜工具，没有任何一种是作为兵器使用的，河南偃师二里头遗址的发掘，使我们获得了目前所知中国最早的青铜兵器。

2 二里头文化的发现

经过考古学者的长期探索，我们终于揭开了河南偃师二里头遗址的神秘面纱。从远在 4000 年以前的二里头文化中，我们获得了技术较为成熟的青铜器。特别是在二里头遗址中还发现了冶铜炉的残壁，清理出带有铜渣以及铸造铜器时使用的泥质铸模——陶范的碎块。这些发现表明二里头文化时期已经有了较熟练的冶铸技术，而且青铜冶铸业已经具有了一定的规模。遗址中发掘出的青铜器，除铜凿、锥、小刀等生产工具外，还有铜戈、钺等兵器。其种类不多，但具有一定的特点。1975 年在二里头遗址中发现了两件格斗兵器铜戈。一件戈长 32.5 厘米，戈援的上、下都有刃，向前聚成锐利的尖锋，援与内区别明显，内后部有一个圆穿，穿后铸有凸起的云纹，纹间凹槽内可能嵌过绿松石，在"穿"和"援"之间，留有安过"柲"的痕迹。这件铜戈制作甚精（见图 5-①）。在遗址中采集的另一件铜戈比前一件略小，援部相同，为直内方穿，援内界线不明显，在内后有 4 个齿（见图 5-②）。从两件戈的形制看，这一时期的铜戈已在形体方面形成特点。使用时主要是勾、斫，故又称"勾兵"，也可以用尖锋来啄击，或用援的上刃来推击。和铜戈出土在同一座墓的铜钺，是从斧类工具演变成的格斗兵器，长 23.5 厘米，钺体窄长，钺刃呈圆弧状，钺内较扁平，钺体与钺内之间有凸起的"阑"（见图 5-③）。

1972 年发掘的二里头宫殿遗址中出土的铜箭镞，属于远射兵器。镞体呈扁平状，制成形状规范的双翼有脊的镞，双翼向后伸展成倒刺，向前聚成尖锋，后面带有插接箭杆的铤。这种扁体双翼的铜镞射程远，具有较强的杀伤能力。

二里头遗址中出土的青铜兵器铸造技术已有了相当的水平。从形制上看，它明显地与生产工具分开，但是它们的形制如此规整，表明这不是青铜兵器起始

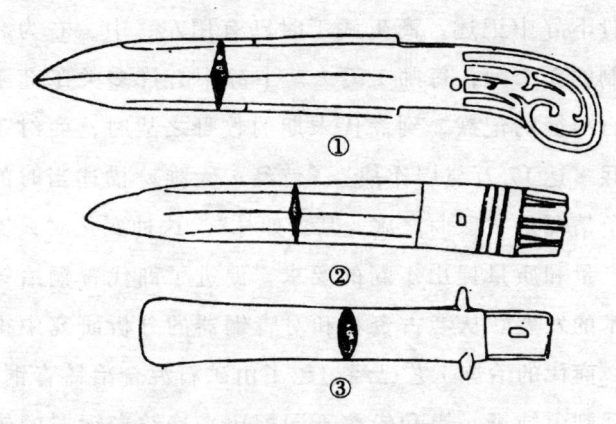

图 5　河南偃师二里头出土的铜器

①、②铜戈　③铜钺

阶段的制品。由此推测，中国青铜兵器出现的时间应该比这批出土的青铜兵器时代早。二里头遗址中，出土青铜兵器的地层属二里头三期文化，相当于早商时期。据古代史籍记载夏代"以铜为兵"，为此我们可以判定，在夏代就有青铜兵器用于古代战争中。夏王朝统治阶级为了维护自己的权利，掠夺财富，必须建立军队，发动一场场激烈残酷的战争。因此，当时更加重视兵器的研究和制造，而兵器的发展，反过来又促进了青铜冶铸技术的提高。

3　殷商铜兵

据《史记·殷本纪》记载，公元前 16 世纪，商汤兴师伐桀，建立了中国历史上第二个王朝——商朝。商王朝为了巩固其统治，建立了相当规模的军事力量。

甲骨卜辞中记述，商王武丁时已有用左、中、右为名编制的3个师，每师1万人。卜辞中有许多关于商王亲自出征的记载，到商代末期的牧野之战时，商纣王率兵多达17万与周作战。《诗经·大雅》描述当时的战争情况是"殷商之旅，其会如林"。这种变化对兵器的产量和质量提出了新的要求，促进了商代青铜冶铸技术的发展。从考古资料和对青铜器的分析研究中得知，商代的冶炼工艺已经超越了由矿石混合冶铸青铜，发展到由纯铜、锡和铅按不同配比来冶铸青铜器的较高水平。铸造青铜器的作坊也具有较大的规模，因此有了改进和扩大铸造青铜器的雄厚物质基础。

　　商代用于格斗的兵器主要是青铜戈，全国各地发掘的商代墓葬几乎都有戈出土，数量极多。除步兵装备戈外，战车上的武士也以其为主要格斗兵器。例如安阳殷墟小屯宫殿区发现的1辆商代战车上，殉葬的3名武士都装备着戈。商代的铜戈制作精良，许多戈的内上铸有纹饰或镌刻铭文。商代甲骨文和金文中象形的"戈"字，字形如实地描画出商代铜戈的形貌。西周的军队也大量装备戈，《尚书·牧誓》篇记载，商末周武王率军讨伐商纣王，在牧野誓师，周武王在誓词中命令全军将士"称尔戈，比尔干，立尔矛"。这场战争开始后，由于商代军队"前徒倒戈"，导致了商朝的覆亡。由此证实，戈是商周时期军队用于作战的主要兵器之一。

　　为了使戈更适应作战的需求，古人在制作上不断地对其加以改进，使之成为适于勾斫的兵器。对青铜戈的改进主要表现在两个方面：一是改进戈援的锋刃，加大戈头与戈柲的夹角，以加强战斗中的杀伤力；二是进一步改进戈头与戈柲的结合方法，目的是在实战中戈头不致在挥斫勾啄时脱落。二里头遗址中出土的铜戈，援、内不分，内上有一穿，这样使其很难牢固地横缚在柲的前端。到商代时就采用各种办法力图克服戈的这一缺陷。第一种办法是采用曲内，使戈内比戈援窄，把戈内后尾制成向下弯曲的形状（见图6-①~③）。第二种办法是銎内，援内中间铸出扁环形中空的銎，将戈柲插入銎孔。第三种办法是直内加"阑"，戈内呈长方形，援、内相接处竖有一条凸出戈体的"阑"，装柲后戈头就不容易前后移动或脱出。河南安阳殷墟西区墓葬中发现了一件存有残木柲的铜戈，戈柲上挖出一个放置戈头的窄长孔，该孔称为凿。将戈内的前半部及上下阑均插入凿内之后绑缚，为了使戈头与柲牢固结合，后来又将戈援下刃后部逐渐向下呈弧形延伸，延长戈与柲结合处的长度，以加强戈柲与戈头结合的牢固程度。这种弧形延伸的部分被称作"胡"，胡上有穿孔，称为"穿"，用来穿麻线或把皮条绑缚在戈头和柲上。经过战争实践，发现前两种办法不如直内加阑并伸延出胡的效果好，最终前两种办法被逐渐淘汰。殷墟西区墓葬发掘出土的铜戈，虽有曲内或銎内的，但较多的是直内加阑式的，有部分戈有胡有穿，虽多为短胡一穿，但也出现有中胡二穿，甚至长胡四穿的，显示出商代青铜戈形制发展的趋势。

　　矛是商代另一种比较重要的格斗兵器。商代的青铜矛铸造成具有长"筒"的宽叶形状，筒部中空，用来安装矛柄，在筒部的两侧带有半圆形的双环，这样可以把矛头牢固地绑缚在柄上，又可垂挂漂亮的矛缨。筒向前延伸成矛体的中脊，脊的两侧伸出扁平的亚腰形阔叶，矛两侧叶向前聚成锐利的尖锋。有的铜矛筒部较短，筒内装柄的銎孔一直伸至脊处，脊的两侧伸出扁平的亚腰阔叶，前聚成尖锋，在叶底开有双称的双孔，用以缚固矛柄。河南安阳侯家庄殷代王陵1004号大墓的墓道里，发现大量成捆放置的铜矛，每捆10支，总数多达700余支。对1969~1977年河南殷墟西区墓葬出土的青铜兵器所做统计表明，出土的铜戈数量最多，达230件，其次是铜矛，共70件。可见，铜戈和铜矛是商代军队主要的格斗兵器，它们在战争中起着重要的作用。

　　铜钺也是商代常见的格斗兵器，在黄河下游、中原地区，以及湖南、湖北、江西等省都曾出土过这种兵器。铜钺的特征是体宽，刃阔，后有方内，钺刃呈圆弧形，两角微向上翘，出土的数量较少，可能在实战中不如戈、矛使用普遍。山东青州苏埠屯商代晚期墓出土的铜钺，长31.8厘米，平肩弧刃，钺身为镂孔人面纹，巨目圆睛，张口而方齿突起，面容威严。形体更大而且更精美的两件铸有"妇好"铭文的青铜钺，出土于河南殷墟妇好墓中，这两件铜钺形制相近，钺身略成"风"字形，一件形体略大，长39.5厘米，重9公斤。铜钺身两面近肩处铸双虎噬人纹，双虎分居两侧，巨口暴睛，中间有一颗人头。另一件长39.3厘米，重8.5公斤，钺身两边铸双身龙纹。这类大铜钺主要已不用于实战，而是用作统帅的身份和权威的象征，有时作行刑之用（见图6-④）。

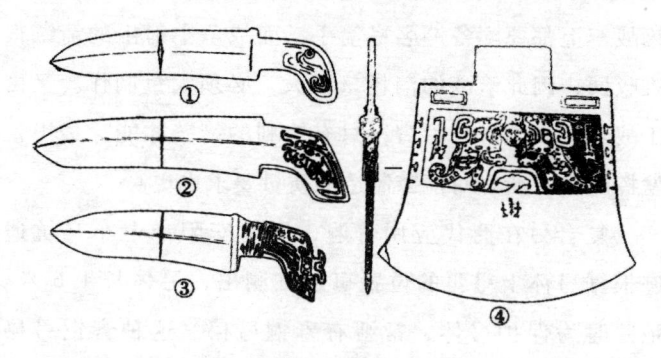

图 6 铜器

①~③河南安阳殷墟西区出土的戈　④河南安阳殷墟妇好墓出土的钺

商代的铜刀是一种劈砍的单面刃格斗兵器，按形制可分成中原文化系统和北方草原文化系统。前一种铜刀形体较大，一般长 30~40 厘米，凸脊凹刃，有的柄端铸出兽头，有的柄呈环状。后一种铜刀较短，柄端作兽首，一般较轻便，适于近体格斗。1976 年河南安阳出土的龙首铜刀，长 36.2 厘米，凸背曲刃，首作一龙。

商代的远射兵器主要是弓箭，在箭端普遍使用青铜箭镞，但骨、蚌、角镞仍在使用（见图 7-①~④）。

青铜镞是用合范的形式铸造的。郑州二里冈商城遗址出土的镞范，一端有浇口，浇口通主槽，主槽分左右与箭镞槽相连，浇一次范可铸出若干支青铜镞。青铜镞的形制大致承袭了二里头文化中的圆铤双翼式铜镞。它增大了两翼的夹角，翼后的倒刺更尖，并在两翼上磨出了血槽。从河南安阳殷墟和河北藁城遗址出土的商箭的朽痕看，青铜镞装在木质箭杆上。箭杆末端装尾羽，长约 8.5 厘米。商代晚期主要的作战形式已是车战，在每辆战车上都要配备一名弓箭手,而战争中射出的箭镞很难收回,因此箭镞的消耗量很大,必须大量制作。又由于战斗中武士身着甲胄,只有锋利的箭镞才能穿透甲胄发挥威力,所以对箭镞制造的质量要求也更高。

　　复合弓在商代应用普遍,河南安阳小屯车马坑遗迹根据弓体上弓弭的位置可以推测出,弓体长1.6米。弛弦时为保护弓体,常缚有青铜弓柲。这种青铜弓柲习称"弓形器,"上面铸有美丽的花纹,两端铸成铃状(见图7-⑤、⑥)。

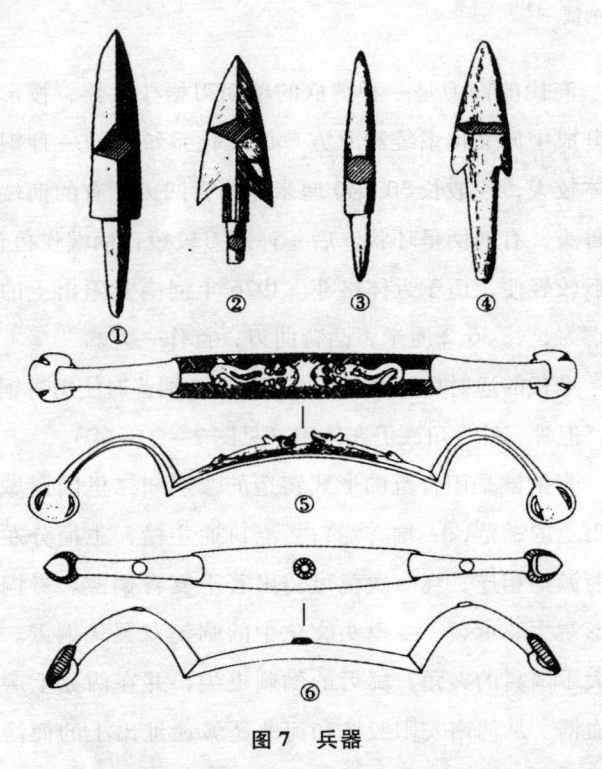

图7　兵器

①~④河南郑州出土的商代骨镞　⑤、⑥河南安阳出土的青铜弓形器

4 《考工记》的启示

春秋时代，弓箭制造业有了很大的提高，为了作战的需要，当时各国兵器制造工艺都有详细的记录，制定有官方标准，用以指导弓箭的生产，从而制造出规格统一的弓箭。《考工记》一书中"弓人为弓"和"矢人为矢"两节细致地描述了关于弓箭制造的选材、工艺等，并且记录了按使用人身份而规定的等级。制造一张弓所需要的六种材料是干、角、筋、胶、丝和漆。材料的作用是"干也者，以为远也；角也者，以为疾也；筋也者，以为深也；胶也者，以为和也；丝也者，以为固也；漆也者，以为受霜露也"。对于六种材料的选用也有明确的规定。如弓体选材以柘木为上，是最好的造弓材料。檍次之，檿桑次之，橘次之，木瓜次之，荆次之，竹为最次。牛角是制弓弭的材料，选取角材时，要注意杀牛的季节，选用的角须是"青白而丰末"。一只牛角的价格相当于一头牛，称为"牛戴牛"，对于胶、筋、漆和丝的选料，也各有规定。将六材合制成弓，要经过不同的工序，并选取不同的季节，以保证弓的质量。《考工记》对弓的制造作了描述："凡为弓，冬析干而春液角，夏治筋，秋合三材，寒奠体，冰析灂。"再春被弦。因此制成一张弓，从备料到制成需经过两三年的时间。对弓的等级也有严格的规定："为天子之弓，合九而成规；为诸侯之弓，合七而成规；大夫之弓，合五而成规；士之弓，合三而成规。"选用的材料越精良，弓的弧曲度越小，越适于实战。《考工记》的官定制度，推广了先进的工艺技术，提高了兵器质量，使军队的装备逐渐规范化。在湖南和湖北等省的楚墓中，出土有竹弓和木弓。湖北随县曾侯乙墓中，也出土有竹制弓和木制弓，弓的长短不一，有单体弓也有复合弓。这些楚墓和曾墓中出土的竹、木弓的长度，一般约为90～160厘米，与《考工记》所列上、中、下三制相比较，大致符合。上、中制的弓发现较少，下制的弓发现较多。至于选材，楚墓出土的弓，半数以上为竹弓，又与《考工记》规定不合，可能是因地域不同所致。至于楚墓出土的木弓，材质优良，制作精美，髹漆绘彩，显示出当时的制弓技术极为精良。

《考工记》对青铜兵器的合金配比也有明确的规定。到春秋时期，采矿、冶炼、铸造已有了明确的分工，青铜冶铸业的规模庞大。在此基础上，已根据不同的兵器和不同的用途，规定了铸造时选用原料的不同配比。这就是《考工记》关于"六齐"的规定："六分其金而锡居一，谓之钟鼎之齐；五分其金而锡居一，谓之斧斤之齐；四分其金而锡居一，谓之戈戟之齐；三分其金而锡居一，谓之大刃之齐；五分其金而锡居二，谓之削杀矢之齐；金、锡半，谓之鉴燧之齐。"六齐中，除钟鼎之齐与鉴燧之齐外，其余四齐都讲的是兵器。根据测定，锡的含量越高，硬度就越大，也就更脆，含锡量17%～20%的最为坚硬。对古代青铜器化学分析的结果，虽然与六齐所载并不完全一致，但"六齐"的出现表明当时人们对合金的成分、性能和用途之间的关系已经有较深刻的认识。因此六齐的规定，保证了青铜兵器的质量，这也是当时青铜兵器制造业技术提高的重要原因。

三 战车驰骋

1 安阳殷车

中国的战车起源于商代,历经西周、春秋至战国。兵车在古代战争中驰骋疆场,力勇战敌,车战是这一时期军队的主要作战方式。

在河南安阳出土了若干辆富有特色的战车。1966年春,安阳大司空村发现了一座殷代车马坑,坑内埋葬有一辆车、两匹马和一个士兵。车舆内发现了铜戈、镞(十枚一束)、弓形器、兽头刀等兵器和马鞭柄等,是一辆较典型的战车。

1972年春,河南安阳孝民屯南地墓中发现的车马坑是截至当时保存最好的1座。车子的木质结构已全部腐朽,仅能根据残存的痕迹剥剔出马车的形状,车马坑内埋葬一辆车,两匹马,车后葬入一人。车为双轮,轮毂中部较细,形似截去两尖的枣核,轴端穿入轮毂之中,毂外套铜䡇,辖是木质的。车轮有22根轮辐,辐端分别插入毂和牙上的凹槽之中。车辕置于轴上,车箱为长方形,放在辕和轴相交处(见图8)。在这座车马坑中，虽然没有发现兵器，但因这辆马车的遗迹保存完整，对于认识殷代马车很有帮助。

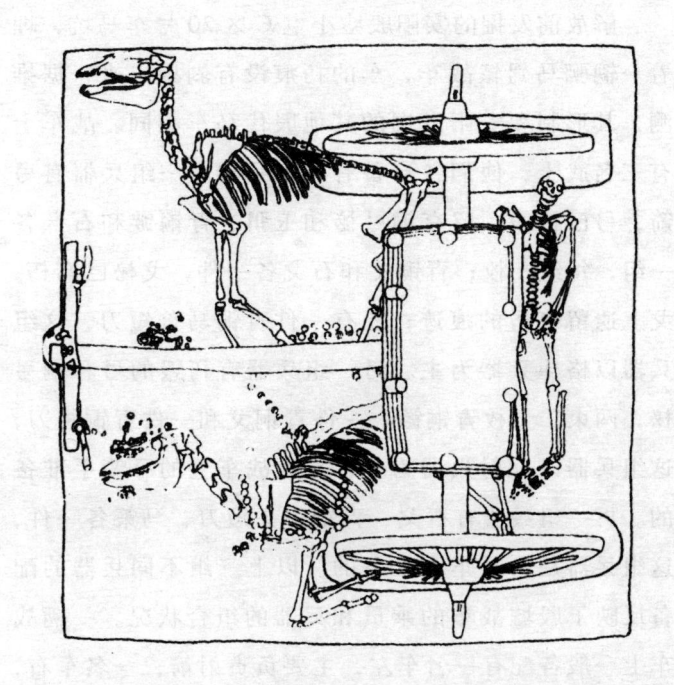

图 8　河南安阳孝民屯南地出土的马车

同年在安阳白家坟发掘了两座殷代车马坑。其中43号车马坑中，葬有一辆车，两匹马。车的两轮已被压坏，车轮有18根轮辐，轴的两头各有一个车軎。车箱为长方形，车箱内放置一矢箙，箙为圆筒形，矢箙内装有铜镞10枚，因皮制的矢箙已腐朽，箭杆很难辨识，镞铤上留有绳纹痕迹。殷代大约以十支箭为一束，过去也曾在一些车马坑和墓葬中发现过，这座车马坑中还出土了铜弓形器和铜戈。151号车马坑因被两次盗掘，遗迹遭到严重的破坏，坑内埋有一辆车，两匹马。

解放前发掘的安阳殷墟小屯 C 区 20 号车马坑，埋着一辆驷马驾辕战车，车的朽痕没有剥剔出来，据推测，其形制和安阳发掘的其他殷代马车相同。战车上有三名武士，他们各自备有一组兵器。一组兵器有弓箭，弓已朽毁，留有铜弓柲和玉珥、青铜镞和石镞各一组，每组十枚；青铜戈和石戈各一件，戈柲已腐朽，戈上遗留有盾的痕迹；还有一件青铜马首短刀，这组兵器以格斗兵器为主。另一组兵器有朽毁的弓和铜弓柲，两束二十枚青铜镞、一件青铜戈和一件青铜短刀，这组兵器以远射兵器为主，是为战车上的弓箭手准备的。再一组兵器有石戈、青铜牛头短刀、马策各一件，这组兵器是为马车夫准备的。以上三组不同兵器的配备反映了殷墟战车的乘员和兵器的组合状况。一辆战车上一般各配有一名车左，主要负责射箭；一名车右，主要负责格斗和一名御，即驾驭者。如果是负责指挥的主将的战车，一般主将是站在车左的位置，车上要配备指挥用的旗和鼓。

截至 1984 年的统计，河南殷墟曾发现 16 座车马坑，出土 18 辆马车。这些木质马车已全部腐朽，车的形制为单辕，双轮，车舆呈方形，车后为门，车舆下有轴，辕前端绑缚衡，衡上设轭，轭下驾马。除一辆是四匹马车外，其他都是两马驾挽。车马坑中如随葬有兵器，一般放在车舆内或车舆的近旁。车上的乘员除了装备进攻性兵器外，他们为了保护自己还要有防御性的护体装备,主要是甲胄和盾牌,安阳殷墟墓葬发现有整片皮革制成的皮甲痕迹。

2 驷介旁旁

春秋乃至战国中期,车战是战争中的主要作战方式。在漫长的400多年历程里,驷马战车奔驰在中原国土上,在战争中发挥着不可阻挡的威势。《诗经·秦风·小戎》生动地歌颂了当时战车兵的英姿。

　　小戎俴收,(兵车儿短小真灵巧,)
　　五楘梁辀。(花皮条五处把车辕绞。)
　　游环胁驱,(缰绳穿过活环控制住骖马,)
　　阴靷鋈续。(银圈儿把行车的皮条来扣牢。)
　　文茵畅毂,(虎皮毯铺在长毂的车儿上,)
　　驾我骐馵。(驾的骐纹白腿的马儿多俊爽。)
　　……
　　俴驷孔群,(薄金甲的四匹马儿多威风,)
　　厹矛鋈镎。(三隅矛杆下装着白银镎。)
　　蒙伐有苑,(盾牌上画着那杂羽纹,)
　　虎韔镂膺。(刻金的虎皮弓囊前面多鲜明。)
　　交韔二弓,(两架弓交错地放在弓囊中,)
　　竹闭绲縢。(竹儿撑紧它,绳儿把它捆。)
　　……①

---

① 诗文的今译采自《国风今译》,江苏人民出版社,1962。

这首诗歌赞扬了秦襄公（公元前777~前766年）时期秦国的军容，形象地描述了当时使用的驷马战车以及车战用的兵器，同时反映了当时军队的主力是战车部队的史实。

考古工作者曾在陕西长安张家坡、北京琉璃河、山东胶县西庵等处发掘了西周时期的马车，河南陕县上村岭等地发掘了春秋时期的马车，河南辉县、淮阳、洛阳中州路等处发掘了战国时期的马车。据文献记载，西周灭商时，全军只有战车300乘。但到春秋时期，一个诸侯国作战出动的战车数量就已远远超过300乘，常超出一倍以上。公元前632年发生的晋楚"城濮之战"，晋军的战车多达700乘。到公元前589年的"鞌之战"，晋军主将统率的战车为800乘。公元前529年，晋在邾国南部检阅军队，出动的战车多达4000乘。同年平丘会盟以前，晋叔向曾威胁鲁国说："寡君有甲车四千乘在，虽以无道行之，必可畏也。况其率道，其何敌之有？"说明4000乘战车大概是当时晋国总的兵力。《孙子兵法·作战篇》记载："凡用兵之法，驰车千乘，革车千乘，带甲十万，千里馈粮，则内外之费，宾客之用，胶漆之才，车甲之奉，日费千金，然后十万之师举矣。"论述了兵车作战时，把战车千乘视为基本的必需兵力。直到骑兵已经组建的战国时期赵将李牧组建军队时，仍把战车兵视为主力的一部分，并把10万军队中战车的乘数，提高到1300乘。比《孙子兵法》10万军中战车所占比例还高。

河南三门峡上村岭虢国墓地的3座春秋车马坑中

出土的25辆马车,其形状与商、西周的马车相同。单辕、方舆、双轮、长毂,毂前置衡,衡的两侧各有一軛。轮径稍有减小,辐数略有增加。

东周战车中最具代表性的发现是河南淮阳马鞍冢楚墓车马坑内出土的战国时期的战车。发现了两座车马坑,共31辆车,多数为战车。最重要的是2号墓车马坑的4号战车。这是一辆驷马战车,长毂,毂端用四道铜箍加固,轴头安装铜軎。车舆呈横长方形,舆后有门,车舆外表用青铜护片加固。舆前两下角各用长条形铜板包镶,铜护板上髹红漆,绘有三角纹饰。舆的后半部左右两侧都用铜护板加固,每侧各钉镶4排,每排6片护板,车舆后部车门两侧也各镶钉4排,每排4片护板,全舆总共用护板80片。这些铜护板略呈长方形,上缘有4个缀钉的穿孔。车舆后部两角缚铜质柱头,舆两侧后部缚有铜插旗筒,舆后侧还有1件椭圆形铜管状器物,可能是用来放置兵器的。

为了了解当时战车上的乘员和兵器的配备、马的防护装具,可以从湖北随县曾侯乙墓出土的战国早期的竹简简文中有所了解。曾侯乙墓共发现200多枚竹简,竹简中详细记录了丧仪时所用的车马兵甲,这些车马的实物没有葬入墓中,但所记录的兵器和人、马用的甲,可同墓中出土的青铜兵器、皮甲胄相对照。当时的驷马战车,每辆车上有乘员三名,一人为御,每人装备一具甲及胄,甲分"吴甲"和"楚甲"两种。战车上配备的兵器有远射兵器,秦弓、矢和各种装饰精美的矢箙;格斗兵器有戟、晋杸、戈等;防护装具,除甲胄外，还有画盾等，车上树有旆。除了战车上乘员的防护装具外，战马也有防护装备。随县擂鼓墩一号墓出土的大量皮甲片中有用来编缀马甲的甲片。据曾侯乙墓出土的竹简记载，当时的马甲有彤甲、画甲、黎（漆）甲、素甲四种。有的战车的辕马身上披以虎皮，城濮之战中击溃楚军右师的晋将胥臣就是这样做的。这时期还出现了用青铜制成的保护辕马的防护装具。

战车的指挥系统安置在主将和各级将领的车上。一种是标明主将指挥位置的大旗；一种是指挥进攻的鼓。河南淮阳马鞍冢楚墓车马坑发现插在战车上的旗的遗迹，23号战车上原插有一面红旗，旗上缀饰海贝，都用线缀成四瓣的花纹，排列整齐。同时，在4号和7号战车上都发现了铜质的插旗筒。插旗筒的发现为我们提供了古代战车上旗的插法的实物资料。旗呈倾斜状插在车舆后部，这种放置法一是减少了大旗垂直竖立形成的阻力，二是不妨碍乘员进行战斗。

鼓对指挥当时的战争十分重要。战车就是跟着主将的鼓声行动的。战斗开始以后，主将不论遇到什么情况，都要保证鼓声不停，这样才能保证军队所向无敌。《左传》描述赵简子在"铁之战"中击败郑军以后，他曾夸口说："我伏在弓袋上吐血，但鼓声不衰，今天我的功劳最大。"从甲骨文和金文中鼓字的象形字看，战车上的鼓是横悬的，但鼓在战车上究竟怎样放置才能不影响主将的视线并与敌人搏斗时又便于使用，还有待于今后在考古发掘中进一步探索和考证。

如上所述，古代的双轮单辕马拉战车，以及与之配套的青铜兵器及防护装具，是我国青铜时代军事技术装备的代表。战车在古代战争中，首先，增强了军队的机动性，并具有一定的冲击力。其次，车上乘员配备的兵器和防护装具，特别是锐利的青铜兵器，发挥了当时兵器最大的威力。再次，战车上装备旗鼓等指挥用具，方便了部队通信联络，保证了战斗指挥。因此战车部队具有很大威力。但是战车本身也有很多难以克服的弱点。一辆战车宽约3米，驾上马匹后全长也是3米左右，一辆驾马战车总面积达9平方米。再加上大轮短箱，运转笨重，用单辕衡上的轭驾马，全靠马缰来控制四匹马，很难在战斗中变换队形灵活作战。不算车体本身的重量，仅三名乘员和他们的装备至少重250千克以上。为了保持车的平衡，需加长车毂，但车毂过长，不注意会被缠在一起导致战斗失败。战国时齐田单采用"断轴木而傅铁笼"保全族人的故事，正是反映出车毂长而不利战争的事实。战车前四匹辕马驾驭，只有中间两匹马是用缚在衡上的轭驾在车上，两旁的骖马则只能靠皮条等牵引车辆，还需借助游环等办法控制它使之不离开车辆，驾驭极为困难。御者双手执六辔（服马两辔，骖马一辔，四马合共六辔。中间的两匹称"服马"，两侧的两匹称"骖马"），除非接受过较长时期的专门训练，否则是难以胜任的（见图9）。车体笨重，驾驭困难，加上车体长，全车面积大，再加上当时弓矢的射程有限，因此临时改变战斗队阵是很难办到的。同时只能选择空旷平坦的原野这样的战场条件，才能较好地展开战斗队形并发挥战车的威力。如果遇到山林沼泽等复杂的地形就失去了战斗能力。公元前709年,晋军和翼侯战斗于汾隰,翼侯的战车遭到晋军的追击,骖马为物所挂,车子无法行动,因而车上的人员全成了俘虏。战车的特点,对战斗队形,作战方式都起了决定的影响。随着历史的发展,战国末期钢铁兵器的出现,步兵和骑兵野战的发展,笨重的战车日渐不适应战争的需求,战车主宰战争的局面逐渐消失。

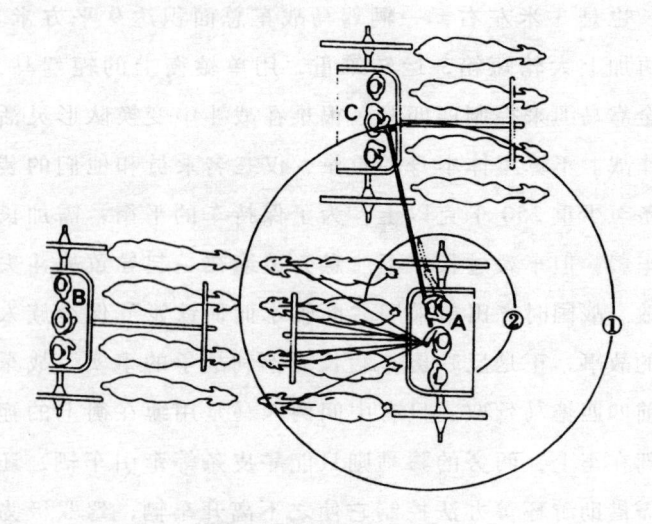

图9 车战格斗示意图

A、B. 表示对驶的战车　C. 表示错毂的战车　①表示戈能杀伤人的范围　②表示剑能杀伤人的范围

车战五兵

楚国爱国诗人屈原在《楚辞·国殇》篇中形象地

描绘了当时车战的画面。"操吴戈兮被犀甲,车错毂兮短兵接,旌蔽日兮敌若云,矢交坠兮士争先。凌余阵兮躐余行,左骖殪兮右刃伤。霾两轮兮絷四马,援玉枹兮击鸣鼓。天时怼兮威灵怒,严杀尽兮弃原野。出不入兮往不反,平原忽兮路超远。带长剑兮挟秦弓,首身离兮心不惩……"译成现代的语言就是:"盾牌手里拿,身披犀牛甲。敌我车轮两交错,刀剑相砍杀。战旗一片遮了天,敌兵仿佛云连绵。你箭来,我箭往,恐后争先,谁也不相让。阵势冲乱了行,车上四马,一死一伤。埋了两车轮,不解马头缰,擂得战鼓咚咚响。天昏地暗,鬼哭神号,片甲不留,死在疆场上。有出无入,有去无还。战场渺渺路遥远,身首虽异地,敌忾永不变,依然拿着弯弓和宝剑……"[1]诗中形象地阐述了盾牌、犀甲、秦弓、长剑等作战兵器的运用。记述了从远距离对射开始,经错毂格斗和成组兵器的使用过程。《周礼·司兵》中记载"军事,建车之五兵"。在历史上对车战中必备的五种兵器的说法不一,《考工记》中认为五兵是"戈、殳、戟、酋矛、夷矛"。《五经正义》讲五兵为"矛、戟、剑、盾、弓"。

北京昌平白浮3号西周墓出土的一组兵器,远射兵器有弓,仅存弓柲。格斗兵器有戟、钺各1件,戈9件,矛2件,斧2件。护体兵器有剑4件,匕首1件。防护装具有青铜胄,饰有铜泡的长靴和盾牌。甘肃灵

---

[1] 今译文引用郭沫若先生的译文。

台白草坡两处西周墓出土的器物较多。兵器有弓柲、镞、戈、戟、钺、剑等，还有形状特殊的啄锤，其中戈的数量最多，达53件。

到了春秋时期，车战兵器的组合趋于规范化、制度化。兵器的组合主要是戟、殳、戈、矛、剑及皮甲胄。上列兵器的选材、尺寸、比例、制作等非常规范，从国内各地墓葬发掘出土的遗物中已可充分证实。安徽舒城九里墩春秋墓出土的一组青铜兵器有远射兵器弓矢，格斗兵器矛、戈、戟、殳。戟的刺、体用柲联装，同时出土了无内的戟果。殳的尖端有刺。格斗兵器分别放在墓内南北两侧，南侧放戈、矛、戟、殳，北侧置戈、矛，都安装了3米长的柲，柲已腐朽，仅存外表髹漆的漆皮，黑地绘制朱色的图案。同时出土的马车器有衔、车軎及辖，辔饰等。长沙刘城桥1号春秋墓出土的一组车战兵器，弓矢保存得较好。有3张长125～130厘米的竹弓和1个竹箭箙，箙内装有8支完整的箭和各式铜镞46枚。戈和矛保存完好。柲有0.9～1.4米长和2.8～3.1米长两类。一件朽竹柲戟，长2.8米。墓中出土的青铜剑首呈喇叭形，茎部有双凸箍，带有漆鞘或木鞘，制作精细，富有代表性。还在墓中发现了皮甲残片。湖北随县曾侯乙墓出土了大量的青铜器。弓有竹质的和木质的两种，分单体弓和复合弓两类，箭上安装有青铜镞。戟、殳、矛、戈多数都是积竹的柲，多长3米以上，有的矛长4米。戟在柲上除联装戟刺和戟体外，又联装了两个类似无内戈的"戟果"，成为多果戟。殳上装着带刺球体的三棱状尖锋。同时还出土了成套的髹漆皮甲胄，皮甲由甲领、甲身、甲裙、甲袖四部分组成。墓中出土的青铜车䡅中，有的䡅端伸出长而带子刺的矛尖，安装在车轴头后，可起到杀伤敌人的作用。墓中还出土了成套的皮马甲，作为辕马的防护装具。马甲髹漆，并有完整的皮马胄，即马面帘出土。这些马甲在墓中出土的竹简简文中已有记载。湖北江陵天星观1号楚墓出土了160多件兵器，出土的竹、木弓7张。其中竹弓5张，弣部较宽，用3片竹片叠合，以丝线缠紧，通体髹黑漆。木弓2张，在弓弣处内里贴附木片，髹有黑漆。墓中发现的戈为长胡三穿，柲较短，附柲全长仅1.5米。戈和戟的柲较长。矛只有2件。戟仅存戟刺和戟体，均是刺和体用柲联装的戟，也有戟上用的无内戟果。戟柲均为积竹八棱形。还有6件完整的殳，平头铜帽，装积竹柲。墓中出土了32件剑，均附有髹漆木鞘，并出土了1件漆剑椟。天星观1号墓中还出土了19件盾，长方形，中有脊，盾面两边等距离缠10条皮革，外裹麻布，再髹黑漆，有的加施了彩色图案。出土的1领皮甲，亦用甲片编成，甲片后附有木胎，表面髹黑漆。

以上4座东周墓葬的发现，可以看出春秋到战国中期，车战兵器的组合日渐完备，特别是格斗兵器的柲体长质坚，更适合两车相交时进行拼杀。供兵将作战用的皮甲胄和供辕马披的马甲已发展得相当完备。车战兵器和防护装具制作精良，技术先进，表明当时车战的空前繁荣。

西周时代，为了使青铜兵器更适合车战的需要，大都对商代同类兵器加以改进。西周时期的铜镞变化不大，薄翼厚脊，双翼前聚成锋，后有倒刺。甘肃灵台白草坡出土的 200 多件铜镞，两翼的夹角比商代的加大，倒刺更明显而锐利。铜戈是该时期的主要兵器，制作上改进了许多。直援直内戈，援和阑之间的夹角逐渐由直角扩大为 100 度角，援刃由平直改进成弧曲刃，短胡一穿的戈成为最常使用的形式。有的戈在阑上两侧铸出向后斜出的翼，可以牢固地固定在秘上。这种阑侧带翼的戈，是西周铜戈独有的特征。铜矛仍为中有凸脊的两侧扁叶形的形制，矛体较商代稍小，矛锋更加锐利。西周开始出现铜戟。河南浚县辛村出土的青铜戟，前援、后内、上刺、下胡，呈"十"字形，看来是把戈和矛合铸成形的。这种戟有两种形制，第一种是以矛为主，旁侧加铸戈援，用銎装秘，数量极少；第二种是以戈为主，上端加铸扁刺，装秘法和戈相同，数量较多，但多数戟体轻薄，大概是仪仗用具。矛、戟等格斗兵器都装有较长的秘。

西周护身兵器有较短的青铜剑，剑身似柳叶状，有中脊无剑格，剑茎扁平较剑体窄，上有穿孔，可能用来缚木柄。在陕西沣西张家坡西周墓中出土过（见图 10－①）。甘肃灵台白草坡西周墓中出土的 1 件青铜剑，剑身修长，呈锐角三角形，身后接较窄的短茎，插在带有透雕花饰的铜鞘内（见图 10－②）。北京昌平白浮墓出土的青铜短剑，剑身和茎交接处左右各斜伸出一个小齿，茎头装饰兽头图案。根据陕西宝鸡的考古资料，随葬的青铜剑都出现在棺内死者腹部的右侧，大都佩鞘，鞘内以皮革或木质为衬，外部裹着铜片，有的饰透雕的动物纹饰。北京昌平白浮墓中出土的青铜匕首，前锋似矛，柄端有带锥的铜铃。

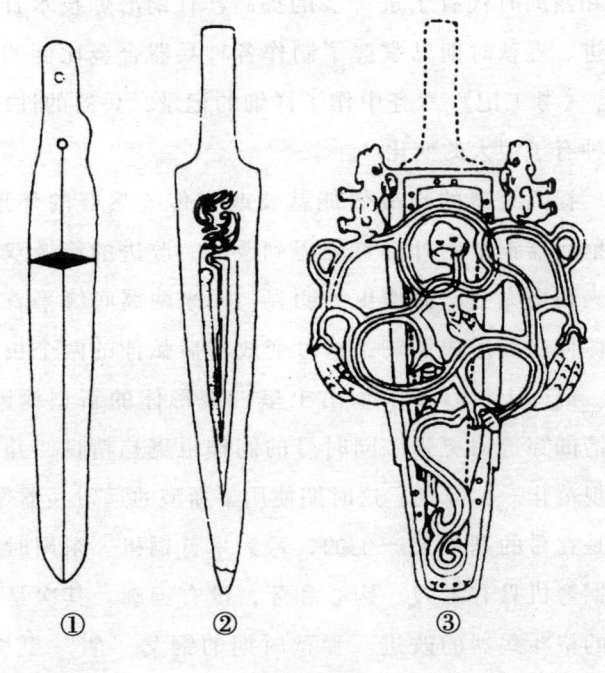

图 10　铜器

①陕西张家坡西周墓出的土剑　②、③甘肃灵台出的土剑和鞘罩

西周时期的主要防护装具是盾和甲。陕西宝鸡北首岭西周墓出土的盾牌，呈梯形，高 1.1 米，上髹黑褐色漆，盾中嵌镶青铜盾饰。另一些地点出土的青铜盾饰，多呈圆形或方形，有饰人面或兽面的图案，形象狰狞可怕。北京昌平白浮墓出土的 2 顶铜胄，高 23

厘米。山东西庵西周墓出土的 1 件铜铠甲，宽 37 厘米，胸甲由三部分组成兽面状，后部两侧各有一圆泡，具有防护效果。

进入春秋时代以后，青铜兵器的质量和产量都比商和西周时代有了进一步的提高，青铜冶炼技术日趋先进。春秋时期已掌握了制作各种兵器合金比例的配合，《考工记》六齐中作了详细的记录，兵器的性能、品种有了很大的变化。

提高兵器的作战效能就要改变传统兵器的外形。远射兵器铜镞的外形首先得到改进，改进的箭镞双翼的夹角更大些，血槽更为明显，原来两翼底缘平着向两侧伸出而形成倒刺，这时变成向后弧伸的两个长后锋。河南上村岭虢国墓出土呈三棱形体的新型铜镞，使箭的穿透力更强。同时弓的制作也更趋精良，并更加规范化、标准化。这时期使用了新型的远射兵器弩。弩是在弓的基础上产生的，弩为木臂铜机。东周时期的铜弩机只有悬刀、钩心和牙，没有铜廓。其次是长柲的格斗兵器的改进。春秋时期的铜戈"胡"更长，上面多了两个"穿"，援部有脊，援的上刃和下刃前后都为 135 度的内折而聚成圭状的前锋。河南上村岭虢国墓和山西长治春秋墓中出土的铜戈是典型的代表，到战国时期戈援开始变窄而上昂，锋端又微向下弧，援和柲的交角更大。铜矛的骹下部做穿孔，矛头就更牢固地安装在柲端。春秋以后格斗兵器戟的柲加长，刺似矛而稍小，戟体似戈而援的曲弧较大，穿多胡长，一般为三穿或四穿。湖北随县曾侯乙墓出土的多果戟，戟体下柲部装置1~2件无内的"戟果"。戟、矛的柲开始采用"积竹"的作法，就是在中间用木质作芯，外面围裹一层或两层长条竹篾，每层竹篾的数量为16~18根，竹篾外面用丝织品紧缠，或用多股丝线紧缠，然后在表面髹漆，器柲牢固而富有弹性。曾侯乙墓中出土带尖锋和刺球的铜殳，是这时期出现的新型兵器。

春秋时期的剑，在脊、茎和刃方面有明显的变化，茎端有圆形剑首。长沙浏城桥1号墓出土的4件铜剑，茎部带有双凸箍，剑首为喇叭形，均带有漆鞘或木鞘，剑长50厘米。湖北望山1号墓里发现1件越王剑，剑锋刃锐利，做工精美，剑茎缠缑上保留着清晰的痕迹，剑格饰有花纹而且嵌着蓝色琉璃，剑身满布菱形暗纹，衬出八个错金的鸟篆体铭文，为"越王鸠浅自作用鐱"（即越王勾践自作用剑）八个字，剑全长55.7厘米。这把剑显示着春秋晚期以来铜剑共有的特色，即刃部不是平直的，其最宽处约在距剑格三分之二处，然后呈弧线内收，至近剑锋处外凸然后再内收成尖锋。其刃口的这种两度弧曲的外形，说明剑在使用时注意的是它直刺的功能。这件剑的铸造技术，代表了当时吴越工匠的最高水平。

秦皇战车

1980年陕西临潼始皇陵出土了两辆大型彩绘铜马车，其中1号车是当时典型的驷马战车。车长2.25

米，双轮，横长方形车舆，后面辟门，拦板上绘饰卷云纹。御官俑站立在车中，昂首挺胸，两臂平举，头戴鹖冠，身穿双层长襦，腰带上佩剑，手中紧握辔绳。车上配备了各种兵器，车舆前阑左侧斜置一件铜弩，承弩的铜质"承弓器"焊在舆前下部。筒形器焊在车舆左侧前部。车舆前阑内有一较大的矢箙，两个盛箭器内分别装着66支箭。车舆右侧拦板前有一块"山"字形铜板，拦板与铜板间插着一面双弧亚腰形铜盾，弩、箭是为车左的射手准备的，盾是为车右的格斗士准备的。这辆驷马战车通体彩绘，两轮牙的内侧与左右车厢两侧涂乳白色地，绘红、绿、黑、紫彩几何纹。御官俑外襦为绿色，内层襦粉红色，冠带，领口内为白色，四马整体饰白色，使战车显得更加威严。

1974年在秦始皇陵东侧发现了秦始皇兵马俑陪葬坑，它以气势雄伟的军阵展示在世人眼前。秦始皇兵马俑坑共有4座，除1座是空坑外，其余3座兵马俑坑内设木质结构，里面埋葬大量的兵马俑。1号俑坑东西长210米，南北宽60米，总面积约12600平方米。从已发掘的2000多平方米坑内出土了陶俑1087个，战车8乘，马32匹，前面横排3列210名弓弩手，后面纵列38队步兵，间杂驷马战车，左右两队和后排面朝外，是严密警戒的弓弩手。这是一队有锋有后，有中军有侧翼的步兵战车混合编制的威严阵容。正如古代兵书记载，"长弩在前，铦戈在后"，"弓弩为表，戟盾为里"。2号俑坑在1号俑坑东北侧，平面呈曲尺形，约有6000平方米的面积，未作全面发掘，估计有89

辆驷马战车，116匹乘骑马，900多名武士俑。2号俑坑车后排列步兵，坑北前端是步兵，中间隔三列战车，后面为12列骑兵，像是一个以车兵为主，骑步兵为辅的军阵。3号坑约520平方米，平面呈"凹"字形，中间是一辆精致彩绘木质战车，左右为持殳向内的陶俑。或认为3号俑坑可能是1号、2号俑坑的指挥部。

兵马俑坑内出土的陶俑，一般高1.75~1.9米，比真人高大些，有的俑有辫发，有的戴冠；有的俑披铠甲，有的着战袍；有的俑持弓弩，有的俑持矛、戈、殳、剑；各依军阵布局，或站立或蹲踞；有的俑宽额广颐，血气方刚；有的俑修眉细目，稚气未退。陶俑的表情丰富，颇具气势。

秦始皇陵出土的兵马俑持握的多是青铜兵器，兵器有安装长柄的戈、矛、铍、戟、殳等兵器；有适于格斗的青铜剑，双刃弯刀；还有远射兵器弓弩、箭镞，装箭的箭箙等。这些兵器尽管在地下埋藏了2000多年，但出土时仍然洁亮如新。墓中出土的1件青铜剑全长90厘米，锋刃尖利，刚出土时经过试验，一次可以划透十几张纸。箭镞多数呈三棱锥形，这种箭镞射程远，穿透力强，具有较强的杀伤力。墓中的陶俑身披铠甲，威武雄壮，铠甲用泥条泥片仿制，形象逼真，不同的兵种士卒，穿着不同的铠甲。骑兵穿无披膊的短身铠甲，车兵和步卒穿长身带披膊的铠甲，驭手穿的铠甲身较长，有较高的护领和手甲，这些不同的铠甲，代表着不同士卒兵种在实战中的需要。

秦始皇陵兵马俑坑的发现，为我们了解当时车战

三　战车驰骋

43

场面提供了重要的实物资料。从俑坑中出土的大量战车和陶俑来看，战国时期，步骑兵已成为当时军队的主力，但战车并未退出战争舞台。在秦代的军阵中，仍是驷马战车和骑兵、步兵混合编队。步兵中的弩弓手组成了单独的队阵，是这一时代出现的作战新阵容。

四　钢铁威力

1. 钢铁兵器的出现

春秋战国交替之际，中国历史上发生了重大的变革。这种战车军的编制也日益不适应日趋残酷的战争形式。公元前541年晋军和狄人的军队战于太原，狄人的军队是步兵，又受地形的限制，以战车作战，难于取胜。于是主将命令下车徒步作战，当时有人抗拒命令，不愿放弃战车。这时，主将只得按军法把抗拒军令者斩首，军令才得以贯彻，从而击败了狄人的军队。这样，步兵成为军队的主力。以骑兵、步兵为主力的军队编制取代以战车兵为主力的军队编制的过程是缓慢的。直至秦代，车兵仍是军队的核心，这一点可由秦始皇陵发掘的陶俑坑所证实。尽管俑坑中出土有骑兵俑和步兵俑，但大量的战车兵俑仍挺立在墓坑中。木质战车已经毁朽，车上的陶俑和车前的陶马完整无损，驷马驾车上站着身披铠甲的武士俑，以青铜器为主的兵器都足以证实当时战车兵仍是军中的主力。军队成分的变化，也表现在军队数量的变化上。公元前

589 年发生的城濮之战，晋国投入战争的兵力是 700 乘战车，总兵力万人左右。春秋末年，越王勾践趁吴王参加黄池之会，于公元前 482 年倾举国之兵攻打吴国，总兵力不到 5 万人。战国以后，各国兵员人数猛增，如秦赵长平之战中，派去截断赵军粮运的部队就有 25000 人之多。战役结束后，投降秦国的赵军尚达 40 多万人。

战国时期，军队从战车兵形式发展成战车兵、步兵、骑兵结合的多兵种形式。军队的兵员激增，这样就对兵器装备的品种，类型提出了更高、更新的要求，同时也促进了兵器制造技术的发展和更新。兵器变革得以实现的标志是铁器的使用。在此以前，商代虽出现了用铁制造的兵器，但那时是用自然界的陨铁制成的。把陨铁锤锻成薄片，嵌铸在青铜兵器的刃部。1972 年河北藁城台西商代遗址墓葬出土的铁刃青铜钺，残长 11.1 厘米，钺刃部残断，嵌铸在青铜内的铁刃是陨铁，这是我国目前发现时代最早的利用陨铁制造的兵器。1977 年在北京平谷刘家河商代遗址中发现的铁刃铜钺，残长 8.4 厘米，嵌铸在青铜内的铁刃也是锻成薄片的陨铁。西周时期，开始出现人工冶炼的铁兵器。这也证实人们一旦掌握了新的金属材料，就将其应用于兵器的制造。最早人工冶铁制作的兵器实例是 1990 年发掘河南三门峡市虢国墓地时出土的镶玉铜柄铁短剑。剑长 33.1 厘米，剑身为铁质，外用丝织品包裹，装入牛皮鞘内，剑柄为铜质，外镶玉和绿松石。剑身与剑柄衔接处镶绿松石片。经过鉴定，剑身为人工冶铁制品。1992 年陕西宝鸡益门村 2 号春秋早期墓葬中出土了3件金柄铁剑,3件剑均为金质剑柄,铁质剑身。第一件剑长35.2厘米,剑身呈柳叶形,柱状脊。出土时剑身外有织物包裹的印痕,剑格到剑首作镂空浮雕状蟠虺纹,制作极其精细。纤小的虺身满布表示鱼鳞甲的密点,相互纠交缠绕,隐现虺头和羽翼。绿松石和石料珠裹嵌柄端,所嵌的绿松石多精磨成"乙"字的钩形,剑茎的蟠螭纹向左右两侧伸展,形成略有错落两两相对的突出方齿,剑格和剑首侧均有前后两重玲珑剔透,金光碧闪,精美华丽(见图11-①)。第二件同前一件剑形近似,长30.7厘米,剑柄部为实心,剑格与剑首饰变形蟠螭纹,嵌宝石珠,剑柄茎为长条形无纹饰。第三件剑长35厘米,饰镂空变形蟠螭纹,剑格部为一变形兽面,剑茎两侧有略微相错的突齿七对,圆柱形蟠目嵌有绿松石。经鉴定,铁剑为人工加工冶炼铁制。宝鸡益门村2号墓葬铁

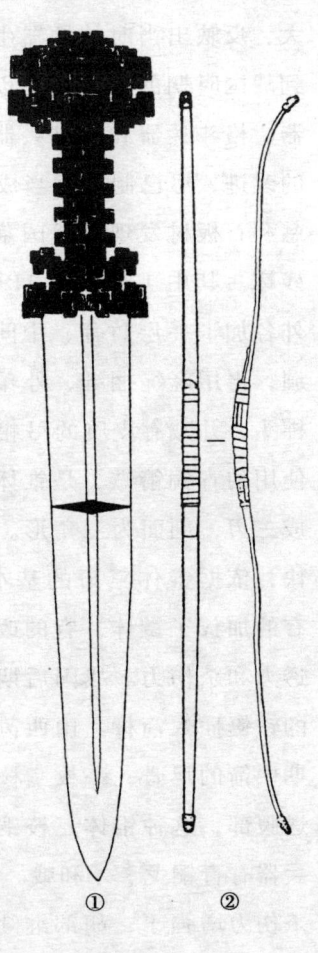

四 钢铁威力

图 11 兵器

①陕西宝鸡益门村2号墓出土的金柄铁剑 ②湖南慈利石板村出土的竹弓

47

剑的发现，为我们研究秦国当时冶铁技术的发展提供了重要的资料。

这些早期的钢铁兵器，器类较为简单，形体多不大，反映出当时的铁器生产还处于初期阶段。所以直到战国时期的兵器还是以青铜制品为主。分为远射兵器、格斗兵器和护身兵器。远射兵器弓箭有了进一步的改进，弓已制成相当成熟的复合弓。1986 年在湖南慈利石板村发现的战国墓中出土了 3 件竹质弓，均已残坏。其中 1 件弓长 119.8 厘米，弓的中间一段的内外各加了一层竹片，中间宽，两端窄，通身用麻布密缠，再用麻绳捆绑，外髹黑漆。弓的两端切成细长的榫头，并戴有皮质的弓帽（见图 11－②）。这时期所使用的青铜箭镞，是锥体状三棱镞。在前锋的后部形成三刃，剖面为三角形。这时兵器的制造技术发展很快，依据锥体三刃的基本形态，具体形状各有变化，有的加长了镞体，有的改进了镞刃，加强了弓箭的穿透力和杀伤力。战国后期出现了铜镞后部安装上较长的铁铤插入箭杆。山西芮城墓葬中出土了一具战国时期中箭的尸骨，一枚三棱铜镞从背部脊椎骨射中直穿透腹部，这种锥体三棱铜镞的穿透力是很强的。格斗兵器有青铜戈、矛和戟。这时期戈的制造技术提高了，杀伤力增强了，胡部继续加长，胡上穿孔增多，胡和穿的变化，使戈头更加牢固地结合在柲上，胡和援的长度多为 4∶5，有的胡长超过援长，极富杀伤力，戈援的上刃、下刃和前锋更加锐利，胡长铸成波状的孑刺，戈内制成利刃，援与阑的夹角，阑与内的夹角都超过100度。青铜矛制造的改进主要是矛骹銎部多为中空,直透到脊的中部,狭刃,中脊起棱,断面呈菱形四刃,柲安装得更为牢固。青铜戟为戟刺与戟体用柲联装,似矛而体小,刺叶的刃侧有时出子刺,有的刺叶下垂至骹底再向上翘成子刺。戟体与戈相似,但援部瘦长,上扬的角度加大,锋端微弧曲下垂,刃呈凸弧的圆刃,下刃接近圆形的凹刃,加强了勾斫和推击的作用。戟体内部上扬与柲的交角超过了100度,并在内处加有斜刃,上翘成距刺,形成具有战国时期特征的兵器。春秋战国时期,军队中的战车兵逐渐被步兵、骑兵取代,军队兵种发生了变化。护身兵器铜剑随之得以发展。随着战场上步兵、骑兵的大量出现,剑在近距离拼杀的战场上发挥着重大的作用。河南汲县山彪镇春秋晚期墓出土的铜鉴和四川成都百花潭出土的铜壶上,都刻画着水陆攻战场面的持剑格斗的步兵。双方士兵的腰间都插着带鞘的剑,士兵手中执握的剑和腰间佩带的剑都比较短(见图12)。战国初期,铜剑有三种类型:第一种剑的剑茎形似扁条,无首,无腊;第二种剑的剑茎为全空或半空呈圆角形,有圆盘形的剑首;第三种剑的剑茎为圆柱形,茎上有2~3周凸起的圆箍,有的剑首呈圆盘状,剑的长度一般在50~70厘米之间。战国时期的防护装具主要是皮甲和盾牌。湖南长沙出土的皮胎漆盾,高约60厘米。江陵拍马山出土的木盾,高83厘米,上部的两角为上小下大的双弧形,下部的两角为方形,盾中部隆起一条纵向的脊棱,皮甲和盾甲结合使用,大大减少了战场上兵员的伤亡人数。

图 12　河南汲县山彪镇出土的铜鉴上步兵格斗图案

出土成组的战国时期兵器，多为弓、箭、矛和剑，有时出土刺体用柲联装的戟。春秋时期以前，凡出土成组兵器的墓葬，同时有车器出土。而到战国中期以后，有戈、矛、剑等成组兵器出土的墓葬中看不到车器出土。这时期的戈柲和矛柲的长度比春秋时期的短。兵器柲变短的趋势以及墓葬中车器减少的现象，都可反映当时已从车战转向步、骑、车结合野战的过程。

随着军队中步兵、骑兵队伍的壮大，钢铁冶炼技术的提高，钢铁兵器到战国晚期得到了较全面的发展，1965 年河北易县燕下都 44 号墓出土了一批战国晚期的铁兵器，有剑 15 件、矛 19 件、戟 12 件、匕首 4 件和小刀 1 件，还有 11 件装在矛戟等的长柲后尾的铁镦。19 件带铁铤的三棱刃铜镞。青铜兵器只有戈 1 件、剑 1 件和 2 套弩机上的铜扳机。另有 1 件铁甲片编成的防护装具兜鍪。经鉴定，剑、铤、矛等兵器都是用块炼铁渗碳制成的低碳钢制造，但含碳不均，大约是用纯铁增碳后对折，然后多层叠打而成，并经过淬火的。淬火技术的运用，可以增加刃部的硬度。这是我国目前发现的最早的一批淬火兵器。这批兵器也有用块炼铁直接锻成的，块炼铁兵器的发现，也说明渗碳制品在当时处于发展阶段。易县燕下都44号墓出土的铁兵器很富有特色。出土的铁剑除一件长度为73.5厘米外，其余的长度都在81~100.4厘米之间，并且安装有铜首和格。矛的长度在32.4~37.9厘米之间，多在带骹的长骸前有较长的茎，并接有狭长的窄叶的尖锋，脊不明显，这些兵器比同类青铜兵器长，器形也与同类兵器不同。这时的戟已是"卜"字形的，到汉代时这种式样的戟成为当时的主流。防护装具铁兜鍪也是发现最早的1件。兜鍪高26厘米，由89片铁甲片用皮条编缀而成形，甲片的编法是上层压下层，前片压后片，顶部用2片半圆形的甲片拼缀成一个圆形平顶，沿圆顶的周沿用圆角长方形的甲片自顶向四下编缀，共有7层。用于护额的5片甲片形状特殊，在前额正中的1片甲片突出有保护眉心的部分。易县燕下都44号墓的发现，表明当时燕国的冶铁技术已经达到了相当高的水平，这批铁兵器的发现，为我们研究战国时期铁器制造技术的发展提供了翔实的材料。用钢铁制造兵器引起了兵器生产的巨大变革，这个变革过程从战国晚期就开始了。

钢铁兵器取代青铜兵器

兵器的发展与作战方式的演变有着密切的联系，战国时期，作战方式发生了根本性的变化。步兵摆脱了作为随车徒兵的附庸地位，并逐渐取代战车兵而成为军队的主力军。到战国晚期，步战成为主要的作战方式。步兵、骑兵队伍的发展壮大，促使钢铁兵器获得了全面的发展。

公元前 209 年，几百名戍卒面临死刑的威胁，为了死里求生，他们在陈胜、吴广的带领下，在大泽乡举起了中国历史上第一次大规模的农民起义的旗帜，起义军的狂飙席卷全国，摧垮了秦王朝的统治。之后的楚汉之战，以刘邦胜利，项羽失败而告结束。这支发展成数万人的农民起义大军，加速了军队组织的变革，步、骑兵取代了驷马驾驭的战车，并成为当时战争舞台上的主力军。

军队的编成和编制方面的变化，特别是为满足步兵和骑兵野战的需要，指导和进行战斗的方法也随之更新和发展，形成了新的战术系统。为了适应这一发展，西汉初年对先秦时期的兵书进行了清理，淘汰了已过时的内容，留取精华。据《汉书·艺文志》中所存书目，把兵书分为兵权谋、兵形势、阴阳、兵技巧四种，共存录 53 家。同时汉代军队装备由主要服从战车部队的特点和战术要求转向适应于步兵和骑兵作战的需要和战术要求。汉代军事装备呈现新面貌的另一个决定性因素，在于当时社会生产力的发展和经济的进步，主要是冶铁业的发展和炼钢工艺的新成就，结束了青铜作为兵器主要材质的历史。

殷周以来，军队主要装备的是青铜兵器，到战国晚期，钢铁兵器崭露头角。从前述河北易县燕下都 44 号战国后期墓中出土的兵器能够说明。但那时期的钢铁兵器的制造还不够普遍，直到汉代钢铁兵器才逐渐取代了青铜兵器。

西汉初年，特别是从武帝开始，冶铁业归政府经营，全国各地设立了40几处铁官，动用了很大的人力和物力来制造铁兵器，促使铁兵器的使用更加普遍，同时进一步促进了冶铁技术的发展。在生铁的冶炼方面，出现了坩埚炼铁法，炼铁的竖炉得以进一步发展。在河南南阳冶铁遗址发现的竖炉，高4米，直径为3米左右。竖炉加大，相应地对鼓风设备提出了新的要求，于是利用牛、马等畜力鼓风的牛排、马排逐渐取代了人力推动的皮囊鼓风机。到了东汉初年，出现了利用水利的"水排"鼓风。河南巩县铁生沟汉代冶铁遗址里，除了发现了块炼用炉，生铁熔炉，锻造砧子和淬火坑外，还发现了"炒钢炉"的遗址。从战国以来经过西汉前期的大发展，我国古代炼铁工艺技术已经达到了比较成熟的水平，不仅出现了白口铁、麻口铁和灰口铁，而且在生铁出现后很快掌握了铸铁热处理技术，创造了展性铸铁。西汉时期，还创造了简易、经济的铸铁脱碳成钢的新方法，以及以生铁为原料，用空气氧化脱碳的炒钢技术，获得不同含量的钢和熟铁。战国时用于制造兵器的块炼渗碳钢方法，到西汉时期更加成熟，块炼渗钢经过反复锻打，钢中碳的均匀性不断改善，夹杂物含量减少，质量日益提高。这一时期还用脱碳退火的办法来提高钢的延性，以便进行加工。河北满城1号汉墓出土的甲片和内蒙古呼和浩特市二十家子汉城出土的同时代的铠甲片都是采用块炼铁做原料,锻成甲片后经过退火,进行表面脱碳,提高延性,在热处理时,为了防止薄片氧化,必须很好地控制退火时甲片周围的气体成分。这两片铠甲片分别出土于相距数百里的两个地区,又是属于不同身份的人使用,这说明当时制造兵器的匠师,已经较好地掌握了脱碳退火的方法。所有这一切都为西汉时期钢铁兵器的生产提供了新的技术和准备了雄厚的物质基础。

钢铁冶炼技术的发展,促使西汉时期兵器材质发生了极大的变革,使以青铜兵器为主迅速转化成以钢铁兵器为主。仅以河北满城刘胜墓出土的箭镞为例。该墓共出土箭镞441件,钢铁镞多达371件(见图13-②~④),只有70件青铜镞(见图13-①)。能够以钢铁制造消耗量大的箭镞,反映出当时钢铁冶炼技术的发展和产量提高的情况,更明显地反映了钢铁兵器取代青铜兵器的必然趋势。

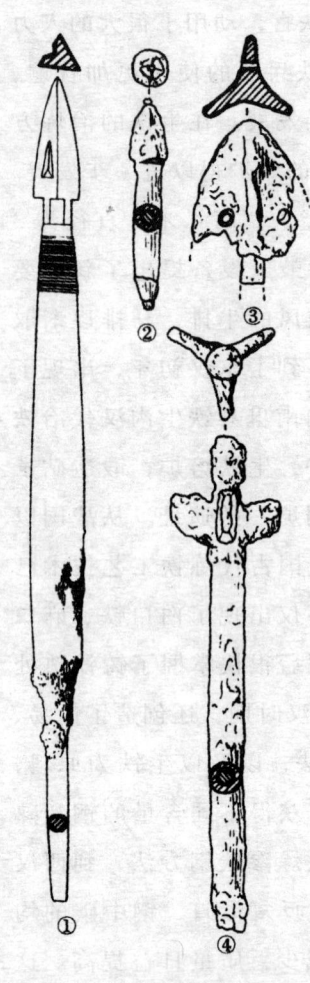

图13 河北满城刘胜墓出土的铜器和铁器

①铜镞 ②~④铁镞

3 兵器类型的多样化

装备精良的兵器是军队胜利的保证，汉王朝为了巩固其统治地位，保证军队有充足的兵器、上乘的兵器，设置了管理兵器制造业的专职官员"考工令"，专门负责兵器的制造，监督检验兵器的质量。这样可以集中工匠，扩大兵器的制造业，不断改进兵器的性能，提高兵器的质量。并在长安城内建立了规模宏大的"武库"。由考工令负责督造的兵器，源源不断地送到武库统一保管储藏，再由武库统一分配给各地的军队使用。

长安武库建造在汉长安城的长乐宫和未央宫之间，周围是夯土墙围住。1975～1977年中国社会科学院考古研究所发掘了武库遗址。武库围墙长710米，宽320米，厚1.5米。武库内有7处库房遗址，中间有一堵夯土墙将院落分成两个，1～4号遗址在东侧，5～7号遗址在西侧，呈"品"字形排列。7个库房遗址平面均为长方形，夯土构筑，四面开门，内分数间。每座库房的长度都超过了100米，有的长200米左右，库房的墙厚4～8米。以7号库房为例，东西长190米，南北宽45.7米，中间分为三大间房，每间房南北各开两门。遗址内的隔墙也开两门，遗址的夯土墙厚4米，可以看出库房的建筑坚固牢靠，这座武库沿用到王莽时期。王莽末年，长安连年战乱，这座巨大坚固的武库也随战乱被焚毁废弃。从遭到焚毁的武库废墟里，我们可以看到当年兵器的保存状况。

四 钢铁威力

在这座庞大的武库中，不同的库房存放着不同的兵器，或放弓弩镞，或放戟剑矛盾，或放铠甲兜鍪。在遗址中发现当年残留下的兵器中，铁兵器最多，有刀、戟、矛、斧、剑和大量的镞，铁铠甲已锈在一起，青铜兵器有镞、剑格、戈各1件。矛、戟等长兵器都放在兵器架上。兵器架叫"兰锜"，出土时已经腐朽，兰锜分放长兵器的和放短兵器的两种。山东沂南画像石墓前室南壁刻画的兵兰是放长兵器的兰锜，两边有两个带方座的立柱，立柱中间用两条横枋连接，横枋上各等距离开5个圆孔，插放长兵器。左侧2件戟和右侧2件矛间有弩弓在上，机栝在下悬挂2张弩（见图14－①）。沂南画像石墓后室靠南壁的隔墙的画像石上刻有放短兵器的形象，两根带朵云形底托的立柱上横架一梁，立柱上各等距离安装五组托钩，自上而下托架着2柄长剑、2把刀和1把手戟。刀、手戟、剑上都用套囊套着（见图14－②）。储存大量兵器的武库在河南洛阳等地也有设立。

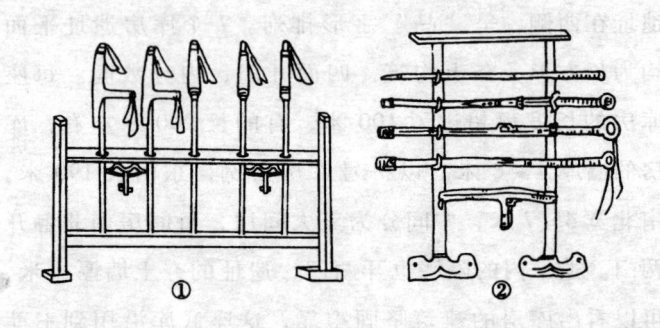

图14 兵兰示意图

①山东沂南画像石墓前室南壁正中上排画像兵兰 ②山东沂南画像石墓后室靠南壁的过梁的隔墙西面画像中兵兰

从西汉开始，冶铁业归政府经营管理，钢铁的冶锻技术不断提高，这使钢铁兵器的品种日益增多，钢铁制成的兵器最终代替了青铜铸造的兵器，钢铁制造的兵器的数量也在日渐增多。

弓箭是汉代骑兵作战的主要远射兵器。汉代弓箭的制作技术有了很大的变革，军队中普遍装备的是复合弓。内蒙古额济纳河流域汉代的居延甲渠候官遗址中出土了1张汉代的木弓，弓长130厘米，是一张未装弦的反弓。它的外侧骨是扁平的长木，中间夹辅着2块木片，内侧骨由几块牛角锉磨、拼接、黏结而成。两梢逐渐减细，凿有系弦用的小孔，弓的表面用丝缠紧，然后涂上漆，外表漆成黑色，内侧漆成红色。在居延甲渠候官遗址内还发现有完整的箭；都装着三棱的锥形铜镞，箭杆是竹子制品，首尾用丝绳缠紧，再涂上漆，并安着三条羽尾。湖南长沙马王堆3号墓中出土的木弓和竹弓，其中一件涂漆的木弓长142厘米，上面扣一条长177厘米的弓弦，弓弦是用四股丝绳绞合而成的。马王堆3号墓是汉文帝时期的墓葬，墓中出土的兵器是明器，兵器的形状和尺寸与实际兵器相同。安徽阜阳夏侯灶墓出土了3张西汉初年的黑漆木弓，弓的两端箫上装着鎏金的铜耳，制作精美。西汉初年箭镞的制作基本承袭了秦代三棱形箭镞的制作，但随着汉代钢铁制造业的发展，钢铁镞的数量猛增，并取代了青铜镞的地位。西汉都城长安武库遗址中出土的钢铁镞多达1000件以上，而青铜镞只有100多件。不过装有铁铤的青铜镞直到东汉还一直沿袭使用。

汉代制造钢铁镞采用铸铁固体脱碳成钢法,是世界上最早利用生铁为原料制造钢铁的方法,明显地提高了铁制兵器的数量和质量。汉代普遍使用的钢铁箭镞多是长铤圆柱形镞身,锋尖呈四棱锥形的短镞。满城刘胜墓中出土了数量众多的四棱锥形镞,用块炼铁和低碳钢制成。这种钢铁镞比青铜铸制的箭镞坚硬并且性能优良。满城刘胜墓中还出土了少量的长铤三棱锥形镞,长铤三条侧刃前聚成锋,铁镞和三翼分叉形铁镞。汉代尽管大量使用的是钢铁镞,但是铜镞的使用也很普遍,三棱形的青铜镞,当时被称为"羊头",镞的断面为等边三角形,镞的一个侧面有个放毒药的小槽,在实战中很有威力。

汉代的主要格斗兵器是戟,它在战场上发挥着不小的作用。在长安武库7号库房发现的1件戟,长35厘米,旁伸的横枝长14厘米。河北满城刘胜墓出土的戟最有时代特征。在刘胜棺室的主室的东南角,原来竖立着一组钢铁兵器,其中有2张戟,按照戟锋和秘尾的钢镦之间的距离计量,一张戟全长约2.26米,另一张戟全长约1.93米。戟秘为竹质,铜镦成长筒形,镦的断面略呈五边形,其一边短窄,故近似杏仁状。戟刺前伸,刺侧垂直伸出旁枝,枝较刺为短,刺下延伸成长胡,上有四穿,在枝上还有一穿,在刺、枝垂直相交处安有铜秘帽,然后用麻往复交叉贯穿缚秘。在戟上套有木鞘,系由两木片夹合制成,外面可能缠有麻类纤维,外表髹褐漆。戟鞘保存尚好。对其中一件戟的旁枝进行金相和电子显微镜的分析,得知它是经过多次加热渗碳反复锻打制成的钢戟,而且曾经淬火处理。由于钢戟的断面上看到有高碳和低碳的分层现象,但碳含量较均匀,分层不显著,说明制作时反复锻打多次,质量是较高的。可以看出当时块炼渗钢工艺有了很大的进步,因此制造出来的兵器更为锐利精良(见图15-②、15-③)。从西汉钢戟的外貌特征来观察,可以看出它还是承继了战国末年的传统,只是刺胡通高稍有些减低,但刺和枝本身的宽度却略有增加,这使得其本身的结构更加牢固合理。

在考古发掘中还曾获得过其他一些西汉的铁戟。1958年在浙江杭州古荡发掘了1座西汉末年的墓葬,墓内出土铜印的印文为"朱乐昌印",出土的兵器中有1件铁戟,附有铜镦,戟长2.5米。戟刺前伸,刺侧横伸旁枝,交角为直角,有青铜秘帽。与满城刘胜墓中戟

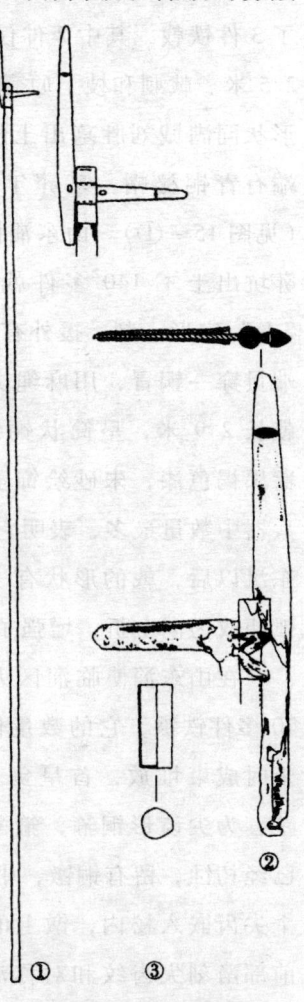

四 钢铁威力

图15 西汉兵器

①江苏盱眙东阳出土的西汉铁戟 ②河北满城刘胜西汉墓出土的铁戟 ③河北满城刘胜西汉墓出土的铜镦

相比，戟胡似稍短些。

1974年江苏盱眙东阳汉墓群清理了7座墓，发现了3件铁戟，其中2件仅存戟头，1件保存完好的戟长2.5米。戟刺和枝上原套有麻布胎的棕黄色漆鞘，戟的形状同满城刘胜墓出土的戟相似，只是胡部稍短，柲端有青铜柲帽，墓葬年代约为西汉晚期到新莽时期（见图15-①）。山东淄博临淄区大武乡西汉齐王墓随葬坑出土了140多件戟，戟出土时成捆堆放，戟为"卜"字形，刺、援外有黑色漆鞘，鞘系麻布胎。援内端贯穿一铜冒，用麻绳交叉缚缠固定冒柲。其中一件戟长2.9米，呈筒状铜镦，銎如杏仁形，柲已腐朽，髹黑褐色漆，朱砂绘饰菱形纹。齐王墓出土的戟在铁兵器中数量最多，表明它们是当时最主要的格斗兵器。东汉以后，戟的形状有了进一步的改进，小枝由向上弧曲改为向上折，增强了向前叉刺的功能。

在山东淄博临淄区大武乡西汉齐王墓中还发现了20多件铁铍，它的数量仅次于齐王墓中的戟。铁铍出土时成束堆放，首呈剑形，断面为菱形，扁锥形茎，茎套为尖齿形铜箍，箍凿刻云纹和尖齿纹。柲出土时已经朽蚀，留有铜镦，中间饰宽带云纹一周，前端有6个尖齿嵌入柲内，镦上的花纹有三种，第一种为弦纹前部凿刻尖齿纹和对称流云纹，后部凿刻流云纹。第二种宽带弦纹上凿刻三角纹，前后对称流云纹。第三种弦纹前部凿刻尖齿纹和对称流云纹，后部凿刻对称流云纹，铁铍兼有矛和剑的优点，制作精美，具有比其他兵器更强的杀伤力，是当时一种先进的新型直刺格斗兵器。

矛是和戟同样重要的长柄格斗兵器。汉代的矛主要承袭着战国时期矛的形状，大量使用的是钢铁矛，也有少量的青铜矛。铁矛的叶和锋是扁平的，只有在骹部以下为安装柄做成圆銎状。汉长安武库发现的1件长46厘米的铁矛，锋侧有一个倒钩，这种矛可能就是文献中讲的带小枝刃的"钩釨"。河南洛阳烧沟出土的1件长47厘米的残朽铁矛，尾部装有铜镦，矛叶中残留着木鞘的痕迹，木鞘的顶端套着一个铜镖。山东淄博齐王墓出土了6件铁矛，矛叶断面呈菱形，一种后端有圆銎的矛，銎口齐平，有筒状铜镦，銎如杏仁形。另一种矛末端呈偃月形，已腐朽，每件中部都装有铜银箍各一，均为腰鼓状，圆形銎，铜箍是铸成的，银箍系卷成的，内有两个插钉，卷到柲处固定，制作方法先进，工艺精良。

随着汉代步兵、骑兵队伍的发展壮大，剑就成为近战的格斗兵器，应用广泛。《史记·高祖本纪》中有刘邦仗剑斩蛇的记载，还有鸿门宴上"项庄舞剑，意在沛公"的故事。鸿门宴上项羽的谋士范增令项庄借舞剑之机杀死刘邦，于是项伯拔剑与项庄对舞，时刻保护刘邦。危急时刻张良找来大将樊哙保驾，樊哙挺剑举起铁盾，撞倒卫士，冲入大帐，怒发冲冠，目眦皆裂，使项羽不敢贸然行事，后刘邦借机逃脱，范增的妙计落空，盛怒之下，挥剑把刘邦送给他的玉斗砍碎。可想而知，这种能把巨蛇一挥而二，又能把玉斗砍碎的剑该有多么锋利。西汉时期的剑多为钢铁锻造，尺寸明显加长了。可以代表当时冶锻技术水平的一件钢剑是在满城刘胜墓里发现的,钢剑带有黑漆木鞘,长1米以上,用块炼铁渗碳钢的方法制作,由于折叠锻打的次数增多,每层的厚度减少到0.05~1毫米,所含杂质明显降低,剑锋经过淬火,刚硬锋利,剑脊未经淬火,又较柔韧。这种剑适于劈砍,又不易折断。西汉时期,不论是剑的质量、功用,还是数量都达到了顶峰。河南洛阳金谷园、七里河等地的西汉中晚期墓中出土的钢铁剑40多件,一般长度在80厘米以上,其中最长的118厘米。从汉代墓葬的壁画和后来的画像石上都可以看到佩带和使用这种长剑的画像。至此,剑也开始随之衰落,东汉以后,逐渐被一种直背环首刀所代替。

汉代也使用一些没有锋刃,主要靠砸击来杀伤敌人的兵器,如挝、杖、棁、殳等。

汉代的防护装具比先秦有了明显的进步,有漆木盾、皮盾和铁盾。在形状上西汉早期的盾与战国、秦朝时期的盾相似,为双弧亚腰形盾。以后出现了长椭圆形盾,编织成长方形盾。这时期由盾演化出一种可以进攻,又可以防护的新型兵器——钩镶。它的中部是一个像小盾一样的镶板,上下各出一个长钩,镶板可以抵挡敌人攻击来的兵器,双钩可以击打敌人。最好的一件钩镶在河南洛阳七里河东汉墓出土。钩镶长20.7厘米,尖端膨大如球,中间弯曲呈扁方形,可容一只手持握。镶鼻的前部由两块铁板拼成盾形镶板,可以固定在镶鼻上。河北定县43号墓出土的铁钩镶通体银错云纹，出土时已锈残。江苏徐州铜山苗圃画像石的"比武图"中，刻画着两名武士，左方的武士双手持长戟奋力前刺，右方的武士镇定自若，身体半蹲，右手将钩镶上举，用钩镶的上钩钩住戟杆，左手的环首刀疾刺对方的面门。在其他的画像石上，还有用短柄斧和钩镶的武士。由此可见，钩镶是一种配合斧、剑、环首刀使用的兵器。

4 环首刀与强弩

秦末，农民起义爆发，随之楚汉之间连年征战，骑兵队伍日益发展壮大，原以刺击为主的剑无法适应战场上短兵砍杀的激战局面。于是西汉时期出现了柄端呈环形的铁质环首刀。

环首长刀，直脊直刃，单侧有刃，另一侧作成厚实的刀脊，刀柄和刀身之间没有明显的区分，刀柄呈扁圆环状。在河北满城和河南洛阳等西汉墓中都发现过环首刀。1968年河北满城陵山西汉中山靖王刘胜墓中出土的环首铁刀是目前我国发现的最早的环首刀。环首刀残长62.7厘米，刀身细长，一面有刃，一面平直，刀背断面呈楔形，茎部稍窄，茎外包裹着木片，并涂有褐色漆，外边从下向上缠绕着丝绳，柄端为环形，用长带形金片包缠。铁刀插在木刀鞘内，刀鞘用两片木头挖槽合拢，尾端残鞘外用麻缠住，再裹上多层丝织物，并髹朱红色漆。距鞘口11.5厘米处有一个凸起的长方形座，座上附着金质带铐，供佩挂所用。

墓主人身着金缕玉衣，在玉衣左侧腰部的位置顺置着这把环首刀（见图 16）。

图 16　河北满城刘胜墓出土的环首刀

1957～1958 年河南洛阳西郊发现的一批西汉墓葬，有 23 座墓随葬环首铁刀。刀的长度为 85～114 厘米，环首刀插在刀鞘里，刀鞘由两片木材合制，用丝线和织物把它们缠紧，外面涂漆。鞘的末端装饰扁铜牌，这些带漆鞘的环首铁刀出土时多在尸体的两侧，当是死者生前随身佩带的。

西汉时期佩刀是表示身份等级的饰物，将校官吏佩刀的历史在《史记》、《汉书》中有记载。《汉书·苏建传附子武传》中记述，当匈奴逼苏武投降时，"武谓惠曰：'屈节辱命，虽生，何面目以归汉！'引佩刀自刺"。《汉书·李广传附孙陵传》中载，昭帝时出使匈奴的任立政，受霍光等命劝李陵回汉。任立政在匈奴单于举办的宴会上看到李陵时，"未得私语，即目视陵，而数之自循其刀环，握其足，阴谕之，言可还归汉也"。汉朝王室将领都佩带环首刀，表明环首刀在当时的重要性。

随着冶铸技术的提高。汉代的环首刀制造工艺日趋成熟。进入东汉以后，适合作战的环首长刀确立了其在战争中的地位，把长期以来重要的格斗兵器剑排挤出战场。山东沂南画像石墓墓门的横额上，刻着一幅战斗的场面，交战双方所有的兵器除弓箭以外，主要的格斗兵器是环首刀，配合作战的防护装具是长方形的盾牌，驰骋战场双方的步兵、骑兵，左手持盾，右手挥刀，展现出环首刀在战场上发挥的重要作用。河北陕县刘家渠汉墓出土的环首铁刀，带髹漆木鞘，铁刀柄两侧用木片夹住，外面紧缠粗绳，刀环上缠着绢布，主要是为了便于捉把。山东苍山曾发现一把有纪年铭文的长刀，是这时期优质钢刀的代表。刀长111.5厘米，刀身饰错金火焰纹，并有18个错金的隶书刀铭："永初六年五月丙午造卅湅大刀吉羊宜子孙。"经过鉴定，该刀是以含碳量高的炒钢为原料，经过反复锻打制成，刀中的硅酸盐杂物约有三十层，也许三十炼大刀的刃部还经过了淬火。日本也曾发现过一把东汉钢刀，错金刀铭中刻有"百练（炼）清刚（钢）"，这两把炼刀制造时间相近，铭文中的"卅炼"和"百炼"都属于"百炼钢"的范畴，是采用先进锻炼技术制造出的百炼钢刀。在河北定县43号东汉墓里出土过一把装饰华美的铁刀，刀长105厘米，刀身饰有线条流畅的错金涡纹和流云图案，这把精美的错金铁刀可能是墓主人中山穆王刘畅生前的佩刀。

东汉末年，钢铁冶炼的工艺先进，规模扩大，环首铁刀取代了铁剑，环首刀成为重要的兵器。东汉时期著名的五言古诗："藁砧今何在？山上复有山，何当大刀头？破镜飞上天。"后两句用隐喻，月半当还，以环形刀首喻回还，吟咏女子盼望远在前线的丈夫归来，表明了环首长刀在当时已为人们所熟知。

兵器制造业的另一巨大变革，是新型的兵器强弩的出现。强弩是在弓的基础上发展而来的杀伤力极大的远射兵器。用弩装备军队是从春秋时楚国开始的。《吴越春秋》中描述了越王勾践请楚将陈音教射的故事，陈音把他学习射术的师承关系追溯到传说中羿的时代，并归结弓弩的发展史为"弩生于弓，弓生于弹"。弩作为重要的远射兵器在战场上发挥威力是从战国以后开始的。

弩由臂、弓和机三部分组成。它作为先进的兵器，同弓相比，在结构上增加了弩臂和机栝，加大了张力，使射程更远。弓是靠双臂拉开，一手控弓，一手拉弦，因此它的张力不可能超过人的臂力。弩的张力不仅可以靠双臂拉，还可以用脚蹬和腰引，以增加强度。另外还可以延长瞄准时间，提高命中率，并能一次射出数枚箭（见图 17－①、17－②）。

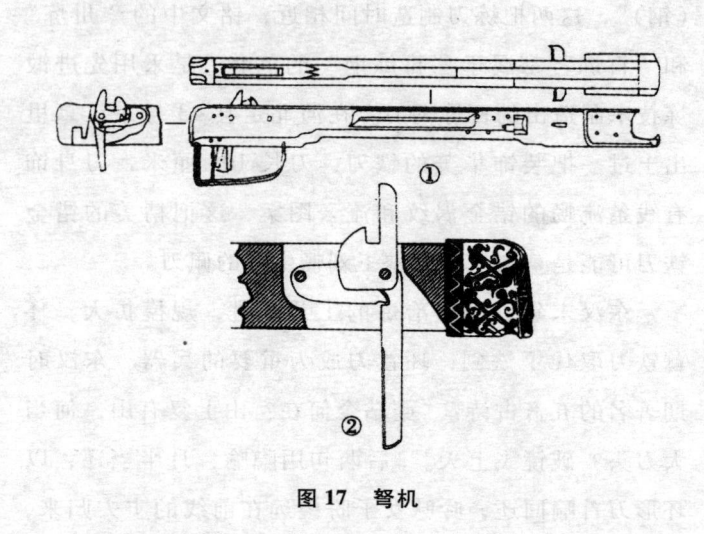

图 17　弩机

①、②战国弩机的构造

湖南长沙扫把塘 138 号战国中期墓出土的弩，是目前发现保存较好的 1 件弩。弩长 51.8 厘米，木臂是用两段硬木拼接而成的，前面承弓处内凹，前端较宽，后端较窄。两侧各加一块薄木片，增加了承弓处的宽度，侧板后缘两侧有小耳，通过承弓处和两侧小耳，可以把弩牢固地捆缚在弩臂的前端。木臂平面上刻矢槽，矢槽接近后端部又深又宽，应是放置矢羽处。弩臂中段两侧有供手握的凹槽。弩臂通体髹黑褐漆，弩机槽开在木臂后段，内装铜弩机。青铜弩机有牙、牛、悬刀三部分，用枢装牢，机槽下装有一个半环形护板，与后端的小木柱连接，便于手握扳机，也可以在弩张弦后保护悬刀不被触动。弩弓用竹制作、弣部两层，用丝绸包裹，丝线紧缠，髹黑漆。这件弩的发现证实弩已成为当时重要的远射兵器。

1986 年在湖北江陵秦家嘴墓地 47 号楚墓中，出土了 1 件战国晚期双矢并射连发弩。弩长 27.8 厘米，髹黑色漆。整体分矢匣、机体两部分。机体包括木臂、活动木臂和铜机件。矢匣放置在机体上方，呈长方形匣状，下缘开两个并列的半圆孔，与机体相应部位的半圆孔扣合成圆孔，作为矢的发射孔。矢匣后上部斜煞，正中有一个方形进矢孔，矢匣后刻作虎头形，有清楚的嘴、鼻、眼。矢匣内上方有一条水平横槽，后端与进矢孔相通。横槽下有三条并列的竖槽，两侧的竖槽与上端水平横槽连通，水平横槽和两个竖槽均供进矢和储矢用，可称矢槽。出土时右侧槽内贮矢 9 支，左侧槽内贮矢 8 支，水平槽内贮矢 1 支。中间的竖槽比两侧竖槽长，后端深入虎头底部，是供机体内部活动木臂上的铜构件运行的。木臂整体呈长方形，状似倒置的有尾无头的虎形。木臂的底面呈三棱形，前端安手柄，似翘起的虎尾。木臂前端突出，上部形成凹弧形，用以承弓。木臂后端两侧有一个对穿透孔，孔内安装启动铜枢。木臂上平面前端为矢槽和发射孔，与矢槽相连的木臂中段两侧平面为矢发射面。与矢发射面相连的木臂上平面后端高出矢发射面的是木臂与矢匣的结合面，木臂上平面正中有一槽，前端封闭，后端敞口，内置活动木臂。活动木臂为硬木制成，呈长条形。前端上平面凿有一条两端呈斜面的透底机槽，后端长出木臂，槽内安装铜制的牙和悬刀。活动木臂侧面中段凿透穿的活动槽，活动槽前端呈圆弧形，与机槽后端重合。活动槽后端也为圆弧形，内套启动铜枢，活动木臂后端侧面有透穿小孔，供系绳携带用。铜机件包括牙、悬刀和铜枢。牙呈鸟首形，有前后两个支突，前面支突略短，后面支突略长。牙的底部有栓孔。悬刀略呈弧形，一端宽扁，一端略尖。牙和悬刀均由铜栓固定在活动木臂前端的机槽内。双矢并射连发弩发射过程为拉弦、发射、钩弦杆三个阶段，同时配合以自动落矢。三个阶段相互衔接，统一于活动木臂的前后运行过程之中。双矢并射连发弩的发现，为我们研究古代连发弩提供了实物资料。

陕西秦始皇陵在1号铜车马车厢前发现了1件铜弩，弩为秦始皇陪葬的模型明器，弩架在焊于车轹上部的承弓器上，弩臂形似瑞兽，前面为头，张口衔住弩弓的弣部，设有矢槽，后端有机槽。通体绘彩色卷云纹，弩机由悬刀、牙、牛构成。弩弓为铜质，弣部宽粗，箫部渐细。弦由多股铜丝绞成，两端结成环扣，套于弓箫上。另有一条较细的铜绳穿过弩臂，拴在弩弓两端与箫相接处。经将弩弓复原，弩臂长78.4厘米。2件承弓器均为银制，体如方筒，铸钩连云纹，头颈细。焊在车前轸上，为在车上拉弩设置。这件弩是为战车车左弩弓手准备的。

汉代的强弩与战国时期的弩相比，在制作上有了进一步的改进。战国时期弩的扳机部分尽管已经用青铜制作，但仍是直接安装在木弩臂上，因此弩力不够强劲。到了汉代，弩的扳机外面普遍装有铜廓，这使弩机能够承受更大的力，从而使弩的威力更强，射程更远。为了使弩机精确地瞄准发射，西汉时期还出现了加高望山，并在望山上有标了刻度的铜弩机。这种弩机在满城刘胜墓已有出土。在望山上的35毫米的长度内，分成五个刻度，在每一刻度的中间处，再居中刻一分度。带有刻度望山的弩，当弩弦引满而钩挂在牙上时，望山能竖立起来，很像现代步枪射击时瞄准用的表尺，因此提高了射击时的准确程度。张开弩机的办法分用脚蹬踏开和用手张开两种。用脚蹬踏开的弩叫"蹶张弩"，用手张开的弩叫"臂张弩"。蹶张弩是力量较强的弩。东汉武梁祠画像石中刻画了张蹶张弩的场面。战士坐在地上用双足蹬弩，用尽全身的力气才能张开弩机，这时再把衔在嘴上的箭安在弩上。蹶张弩主要用于装备步兵。汉高祖刘邦的开国功臣周勃就是出自能张强弩的步兵行列。汉代丞相申屠嘉，也是步兵中能张强弩的射手。《汉书·申屠嘉传》中说他"以材官蹶张从高帝击项籍"。臂张弩是用臂力来张开弩，它的力量虽比蹶张弩差，但使用时比蹶张弩灵便，适合骑兵使用，可以骑在马上用双臂的力量张弩射击。长沙马王堆3号汉墓出土的模拟弩，保存完好，可以看出汉代弩的形貌。弩臂是木制的，表面涂漆，饰纤细的针刻卷云纹，廓和扳机用黑灰色牛角制作，同弩一起出土的一张髹漆木弓，是安装在弩上使用的弩弓，木弩弓中部平直，两端弯曲，用两块木片叠合起来，再绕线髹漆，髹漆以后又在上面绕上密实的丝线。

弩的强度（即张力）是按石计算的。居延汉简中记述了弩的强度和射程的简文。弩的强度在3～8石之间，射程在120～240步以内。按照汉代1石折合现今30.24千克计算，3石弩的张力为90.72千克，8石弩的张力为241.92千克。按汉尺1尺等于0.23米计算，弩的射程为167～278米。张力在150千克以上的5石弩列为强弩。江苏盱眙东阳7号汉墓发现的弩，木臂完整，上髹黑漆，臂长56.5厘米，后宽前窄，尾端呈椭圆弧状。铜机廓安在弩臂后部，木臂前部较窄，呈长条状，上面刻有1厘米宽的矢道，铜廓面的矢道与臂面的矢道连贯成一体，直达臂端。因木臂前端需要安装弩弓，故此在两侧加宽受力。最宽处接近后部的宽度，侧视机臂，最厚处在安装弩机前枢的地方，向前弧升，向后上曲呈圆弧状。弧接尾端下伸的握手柄，悬刀即伸出在圆弧的中央处。握手柄的横截面呈椭圆形，前侧开竖直的窄槽，便于扳发弩机时使后板的悬刀纳入槽中。这张弩机的发现使我们较清楚地认识并了解了汉代弩的形制。弩机在战场上杀伤威力十分强大，由于它制作精良，形体大质量重，是汉代的重要兵器，由汉代官府统一制造统一装备。西汉初年严禁强弩出关，规定凡是张力为 10 石以上的弩都不准私携，违者受罚，由此可以证明强弩在汉代兵器中的重要地位。宋代以后，中国的四大发明之一火药应用于兵器上，出现了用火药制造的热兵器（即火药兵置，简称火器），强弩在战场上逐渐消失了。

四 钢铁威力

五　甲胄春秋

1　殷周甲胄

甲胄是古代战争中将士使用的防护装具。作战时武士们披甲戴胄，是为了在与敌人交锋时免遭伤害，从而能够消灭更多的敌人，取得胜利。

最早的甲胄出现于原始社会后期，当时武士们为了在战斗中免受敌方的伤害，仿效动物"孚甲以自御"，开始时在人体上披裹动物的皮革，用以自卫。以后不断改进，制作出最原始的甲胄。原始的甲胄多是用皮革制造的，开始使用整张的兽皮披裹身体，以后逐渐将兽皮裁剪缝制成合身、灵便的防护皮甲。商周时期的甲胄，正是在原始甲胄的基础上发展而来的。

在商代主要的防护装具是皮甲和青铜胄。河南安阳侯家庄1004号殷王陵中的发现正是如此。在1004号墓道中发现有皮甲残迹，它是迄今在考古发掘中获得的年代最早的皮甲实物。皮甲制作精致，残片上绘有精美的图案花纹，数层曲尺形条框中，饰方格棱形纹和卷云纹，用黑、红、黄、白四种颜色绘制。在

1004号墓中还出土了140多件铜胄,这些青铜胄铸造精致。铜胄合范的缝为胄的中线,形成一条纵切的脊棱,将全胄均匀地分成左右两部分,胄面上的纹饰以这条脊棱为中线向左右对称展开。胄的左右和后部向下伸展,用以保护耳朵和颈部。许多铜胄的正面铸有凸起的兽面纹饰,额头中部有扁圆形的兽鼻,巨大的兽目和眉毛在鼻上方两侧与两耳相接,眉目之上有的还铸有向左右伸展的尖角,圆鼻的下缘为胄的前沿,在相当于兽嘴处能露出武士的脸面。根据兽面纹的不同造型特征,可以大致区分为虎和牛两类。此外,也有的胄上不饰兽面,只在顶部两侧铸出两只大眼睛。也有的胄额平素无纹,在耳侧铸有两个凸出的大圆葵纹。胄的顶部铸有向上竖起的铜管,用来安装缨饰。胄面打磨光滑,兽面等装饰浮出胄面。但是胄的里面仍保持着铸制时的糙面,不做打磨,故此凹凸不平,须要加装衬里方能冠带。整个胄重约在2~3千克之间。这批青铜胄经过精工制作,又出土于商王的陵墓中,而在同一时期的中小型墓中都没有发现过,可见并不是一般战士的装备,而是警卫商王的武士才有可能装备的装具(见图18-①、②)。除了安阳殷墟外,商代的青铜胄在江西和山东等省也有发现。江西新干大洋洲商墓中出土过1件,胄高18.7厘米,形制与安阳的铜胄近似,中部有一纵向脊棱,胄的正面亦浮雕兽面纹饰,胄的两侧及后部略向下伸,以保护耳朵和颈部。顶部也有用以安装缨饰的圆管。在山东滕县前掌大商周贵族墓地,已发掘商周薛国贵族墓11座,其

73

中规模最大的 11 号墓共出土铜胄 13 件，数量多，保存完好，这在同期墓葬中十分罕见。

西周时期，仍然使用青铜胄。北京昌平白浮西周墓曾有发现，在 2 号墓和 3 号墓中各出土 1 件，已残破，但均可复原。2 号墓出土的铜胄，表面平素无纹饰，顶部中央部位置网状长脊，脊的中部有可以系缨的环孔，胄的左右两侧向下伸展，形成护耳。3 号墓出土的铜胄同前 1 件相似，也没有纹饰，胄顶没有纵脊，只有一个圆形的钮，钮的中间有穿孔，是用来系缨的。这 2 件铜胄的形制与安阳的商代铜胄不同，可能是因民族不同或地域不同的缘故（见图 18－③、④）。

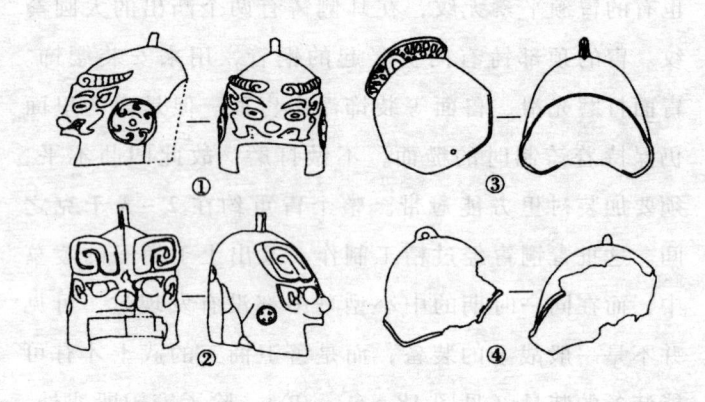

图 18　铜胄

①、②河南安阳出土的殷代胄　③、④北京昌平白浮出土的西周胄

周代的甲，也是以皮甲为主，一般用牛皮制作，珍贵者或用犀牛皮制作。已不用整片皮革制作。而是先裁制成甲片，再编缀成整领皮甲。从已发掘出土的

皮甲看，都是东周的遗物，又以楚地出土最多。湖南长沙浏桥 1 号墓出土的皮甲，时间稍早，可能为春秋晚期所制作。为深褐色，由 6 种式样的甲片组成。有的甲片上有 10 个穿孔，有的穿孔较少，只有 4 个或 2 个穿孔，以便于缀合。保存的最完好的皮甲，出土于湖北随县曾侯乙墓。曾侯乙的墓椁北室放有大量的皮甲胄和兵器。根据墓中出土的简文记载，这些兵器和盾甲都是用于车战的，皮甲包括"楚甲"和"吴甲"两种。这些皮甲胄随葬于墓中时，都是卷起来重叠着堆放在一起的，但出土时连接皮甲的丝带已经腐朽，经过考古工作人员的整理和修复，共清理出 12 领比较完整的皮甲。皮甲所用的甲片表面都曾髹漆，以黑漆为主。皮甲由甲身、甲裙和甲袖三部分组成。甲身由胸甲、背甲、肩片、肋片等 207 片甲片，采用固定编缀的方法编成。甲身的上口接编竖起的高领，下缘接缀甲裙，两肩连缀双袖。甲裙由上下 4 列甲片编成，每列 14 片甲片，自左向右依次叠压，作了固定编缀，再由上下纵向连接，为活动编缀。所用的甲片上缘比下缘窄，形成的裙甲上窄下宽，近似于梯形，可以上下伸缩，以使穿着者便于行动。甲身和甲裙均在一侧开口，穿好后用丝带扣结系合，两只甲袖左右对称，各由 13 列 52 片甲片编成，每列横联 4 片。由于甲片有一定的弧度，编缀后形成下面开口的环形。甲片的宽度由肩向下递减作下列依次叠压上列的活动编缀，形成上大下小可以伸缩的袖筒。皮胄也是由甲片编缀成的。中间有脊梁，下边有垂缘护颈，用 18 片甲编缀而成。这十几领皮甲胄的形制基本相同，只是有的局部结构略有差别，如有的甲裙不是用4列甲片而是用5列甲片编缀而成的（见图19）。随县曾侯乙墓中还出土了十几具战车上辕马使用的皮质马甲。但是马甲出土时均已残破，经过修整得到完整的标本。马甲由胸颈甲及身甲等组成。胸颈甲及身甲由各式甲片用丝带编缀而成，甲片为皮胎经模压成型，表面髹黑漆和红漆，有的黑地上用红漆绘几何纹样。有的几何纹样虽然相差不大，但图案却有稀疏大小之别。马胄由整块皮革横压而成，形状近似马面。从顶部到鼻梁部位稍有弧度，两边面颊对称。顶部正中压成圆涡纹，其间填以金黄色的粉彩，两耳部有圆穿孔，马耳可由此伸出，眉部呈菱形向外凸出，双眼处留一扁圆形穿孔，以便于马能向外视物。两鼻部各有一个穿孔，上小下大，似蛋卵形，便于马的鼻孔透气。两腮压成凸出的

图19　湖北随县曾侯乙墓出土的皮甲胄复原图

大块云纹状，在凸出的部位中，又有的地方呈圆形突起。两腮及顶部，均有穿孔，用以系带或与马甲的其他部分相编缀。整个马胄，内外均髹黑漆，而外部又用朱漆彩绘龙兽纹、绚纹、圆涡纹和云纹。龙兽纹为一种似龙似兽的图案，主要饰于面部及两颊没有凸起的部位；绚纹主要饰于每组图案的边缘；圆涡纹主要饰于两侧圆形凸起的地方；云纹饰于两颊凸起的其余部位。两颊凸起的部位，以朱漆为地，用金色粉彩描绘图案，异常精美。将整个马胄展开，全长80厘米。1986年在发掘湖北荆门包山楚墓时，2号楚墓中出土了两件马甲，据考证，该墓下葬于公元前316年。马甲为皮革质品，皮革胎已腐烂，仅残剩漆膜，部分漆膜内残留有稀疏的毛孔。内髹黑漆，外髹红漆。个别甲片保留有编连丝带的痕迹。整甲由马胄、马胸颈甲、马身甲三部分组成。马胄由6块甲片组成。可分为顶梁片、鼻侧片、面侧片三种。鼻侧片和面侧片左右对称，鼻侧片压于面侧片之上，中间先后压叠以顶梁片，固定式编连。整个马胄为弧形，两边可遮住马的两颊。由下往上有对称的鼻孔、眼孔和耳孔。眉弓及两颊部有凸起的图案装饰。马胸颈甲由25块甲片组成，可分为中间片，内侧片、外侧顶端片和外侧片4种。整个马胸颈甲由横、竖各5排甲片组成。甲片上小下大，横排由中间向两边弧形上翘。马身甲由48块甲片组成，左右对称。马身甲以中脊为界，分为对称的左、右两大部分，每一部分由横4排、纵6列甲片组成。上下排之间自下而上反向叠压，横排固定式编连，竖排纵向缀连。包山楚墓中还出土了皮甲,其中一件,甲片皮革胎均已腐朽,残剩漆膜。整甲由胄甲、身甲、袖甲、裙甲四部分组成。胄甲仅残存3片甲片。身甲可分为领、胸、背三部分,领甲片3片,大领中间1片,方形,下部呈梯形外凸,甲片上有18个孔,正面残留有丝带编连的痕迹,外凸部分内折,通过其上的一对孔眼编连于背甲,大领侧片2片,长弧形两端残,左右两侧各有3个孔,上沿及中下部各有1对孔眼。大领中间甲片叠压于大领侧甲片之上,固定编连,再编连于背、肩处,肩甲片2片,长方形,内侧上部呈弧形内凹,残存20个孔,该甲片前连胸,后接背处,弧形内凹处为颈部。胸中甲片1片,长方形,两侧各有3对孔眼。胸侧片残存左侧1片,内侧为上下直角,外侧上部弧肩,下部弧内凹,四周边缘有10孔,胸甲片、背甲片横排均是中间叠压两边,纵排上排叠压下排,固定式编连成身甲。整袖甲由18横排甲片组编,每横排5块甲片,横排相同部位侧片的尺寸相同,左右对称。横排中间一片在上依次向两边叠压,作固定式编连,纵连横排时,下排压上排,活动式缀连,整袖甲为上粗下细不封口能伸缩的袖筒,以利于人体活动。裙甲由5横排甲片组编,每横排14片甲片,均从右向左依次叠压,作固定式编连,纵连横排时下排压上排,活动式缀连。裙甲为上细下粗的圆筒形,展开呈扇面形。

甲胄不仅在战斗中起到防身卫体的作用,殷周时的王公贵族还用贵重金属来装饰甲片,使之成为他们展现权力和地位的象征物。1984年曾在湖北当阳曹家岗5号楚墓中发现了大量的皮甲和装饰甲片用的装饰金属。该墓出土了两堆叠成长80厘米、宽40厘米、厚70厘米的整领皮甲。由于年代久远，整领皮甲的质地脆弱。皮甲一面髹漆，呈深褐色，表面富有光泽。甲片上多有穿孔，少数穿孔中遗留着编缀甲片的皮条。墓中还发现了193件甲片的金属装饰。甲片的金属装饰大的直径为28.2厘米，小的直径为6.8厘米。为深褐色，经光谱分析和化学测验，甲片金属装饰的质地为锡、铅、铜、硅、铋五种金属和非金属合成。每件均有2毫米左右的缀系绳纹，多寡不等，多数成对，少数保存丝绳及帛片。一面贴着压印纹的铅锡箔、金箔、银箔，它们一般大于金属装饰，制作精致美观，甲片金属装饰有蟠龙纹、三角纹、兽形纹等。主要形制有燕尾形、三足形、虎形、叶片形等10多种。各种类形的造型和花纹多是成双和左右相对称，表明在编缀连接甲片时是左右分别依次序编排的，工艺技术较为先进。甲片金属装饰的孔在器物最突出的转角部位，多数在四个角上，2孔为一组。这批出土的皮甲多是两层重叠在一起，有的与金属装饰相黏连，说明金属装饰和皮甲是配套制作的。皮甲和甲片金属装饰是目前我国发现时代早，保存完整的一批资料，皮甲的制作技术先进，甲片金属装饰工艺技术更是达到了一定的水平。

除了皮质甲胄外，在考古发掘中还发现了西周时期的铜甲。1984年在陕西长安普渡村18号西周墓中，出土了42片铜甲片。甲片为长方形，四角有孔，孔眼呈斗状。甲片表面微凸，四边抹棱。可分长短两种，长形甲片14件，长约10.2～10.79厘米；短形甲片28件，长约7.63～7.82厘米。甲片由青铜铸成，个别甲片顶端留有浇口痕迹。每片甲片约重43.6克。甲片的四角上的孔是用于连缀甲片的，从孔眼的大小看，当是用较粗的绳带来缝缀的，但从甲片的重量来看是不可能缝在很薄的丝织物上的，大概甲片是连缀于皮衬地上，既便于制作和穿着，又能起着防护作用。甲片之间的组合互不叠压，因此甲片四角都有孔。这与后来甲片在边上相互重叠的组合形式有很大的差别，属于一种较原始的组合方式。经整理复原，这件铜甲是我国经复原后保存最早的一件铜甲，它以零散的甲片组合成一领铠甲，对研究铜甲的发展有着重要的意义。

在陕西张家坡170号西周墓中还出土了一组半月形铜件。发现时铜件叠作一堆，铜件近半月形，正面凸起，边缘窄平，层层叠压，排列无序。经过修整复原，大致可以看出，保存较好的部位是出土时朝下一面的下端，有比较好的铜质边框，边框上附有扣形玉饰，边框内则为一排排半月形铜件，每排并列5件，均纵向排开，保持着均匀的间隔，在铜件的空隙处又以链形绦带作装饰。铜件均附着在涂彩的皮质衬地上。出土时朝上的一面表面一层铜件放置较乱，按照叠压层次将右上部位无规律的铜片取下，显露出有条理的部分。右下角保存着较好的边框，纵向为5排，5枚铜件，自上而下排列。上下两面铜件可以衔接起来，连接起来后的铜件每排在数量、面向、弦位方向的排列均相顺应。复原后的半月形铜件为长方体,由于铜件及皮革衬均具有防护性能,可能是防护时横向围护住胸腹部位。此外,还出有青铜甲泡。河南三门峡上村岭虢国墓地出土过148件甲泡,甲泡有大有小,器壁较薄,边缘处有小穿孔,河南浚县辛村西周墓里发现过大中小各类甲泡105件,有的甲泡的背面残存麻絮或布纹。有关学者认为这种青铜甲泡是缝在皮甲上护身的。有些小甲泡应是缀在靴子上的。可这类甲泡较薄,很难抵御敌人兵器的进攻,所以对于皮甲胄所起的作用更多的是用于装饰。

综上所述,皮甲胄是我国殷周时期士卒的主要防护装具,皮甲胄制作工艺考究。皮甲胄所用的皮甲片,裁制成长方形或近似于梯形,除单层皮革外,为了牢固,多由两层皮革合在一起,并在甲片上髹漆。甲片之间用丝带或皮条编缀。并且总结出一整套制作铠甲的工艺规格。在春秋时期成书的《考工记》中,详细记述了当时制作皮甲的工艺技术。从皮甲选取的材料,材料的坚硬程度到甲片剪裁的长短,制作程序等都有严格的工艺规格,按照规定的程序制作就能保证皮甲的质量,使成品密致坚牢,合体实用。这些记述反映出东周时期皮甲制作技术已趋成熟,制工精良的皮甲胄确能有效地抵御青铜兵器的攻击,在战争中发挥出很大的作用。但是到了东周晚期以后,随着阶级社会的发展和日益激烈的战争需求,攻击性和杀伤力大于青铜兵器的钢铁兵器开始出现,皮甲胄已无法抵御钢铁兵器的进攻。为了能够防御钢铁兵器,最终铁铠出现在战场上，皮甲胄才逐渐丧失了在作战中原有的地位。

② 秦甲类型

钢铁兵器在东周末年开始走上战争舞台以后，由于它的工艺先进，杀伤力强，遂逐渐取代了青铜兵器，成为战场上主要的进攻性兵器。能够抵御钢铁兵器伤害的防护装具也同时出现，铁铠开始在古代战争中发挥重要作用。钢铁兵器和铁质防护装具的出现，引起了军事装备和作战方法等方面巨大的变革。

铁铠何时在中国开始出现，在古代文献中缺乏明确的记载，从目前获得的考古资料中，可知早在战国时期就已经使用铁质铠甲。在河北易县燕下都遗址不断发现战国时期的铁铠甲，特别是1965年在燕下都战国晚期墓发现的铁兜鍪，是至今获得的最完整的标本。铁兜鍪高26厘米，由89片铁甲片用皮条编缀而成。兜鍪的顶部由2片半圆形的甲片拼缀成一个圆形的平顶，沿圆顶的周沿用圆角长方形的甲片从顶部向下编缀，共有7层。甲片的编缀方法是上层压下层，前片压后片，用来护住头部。用于护额的部分由5片甲片编成，其形状较为特殊，在前额正中的1片甲片有一突出的部分以保护眉心，每片甲片的大小根据其所在部位不同而有差别，表现出制作工艺的精细（见图20-①）。在河北易县燕下都发掘的战国时期地层中，出土过大量的碎铁片、铁渣、铜渣、陶范和铁质的兵器、甲片。据

五 甲胄春秋

考证这处遗址曾是制造兵器的作坊，出土的甲片多达261片，甲片可以分为兜鍪甲片和铠甲甲片两类。完整的兜鍪甲片有55片，其中有护额甲片、护颊甲片和编缀兜体的圆角长方形甲片，这些长方形的甲片，由于所在的部位不同，故甲片的尺寸及弧度亦略有差别。另有2片半圆形胄顶甲片的半成品。完整的铠甲片有62片，为圆角长方形。根据在铠甲上不同的部位，有的甲片略有弧度，也有形状近于梯形的甲片，甲片的两侧或上缘、下缘开有成组的圆形穿孔，也有一些没有穿孔的半成品甲片（见图20-②）。河北易县燕下都墓发现的兜鍪和数量较多的铁甲片，表明在战国时期燕国已经开始制作和使用铁质的防护装具，并且燕地制作铁质铠甲的技术已经具有一定的水平，能够制造出适于实战的铁质防护装具。

虽然铁质兵器和铁铠甲在战国时期已经出现，并

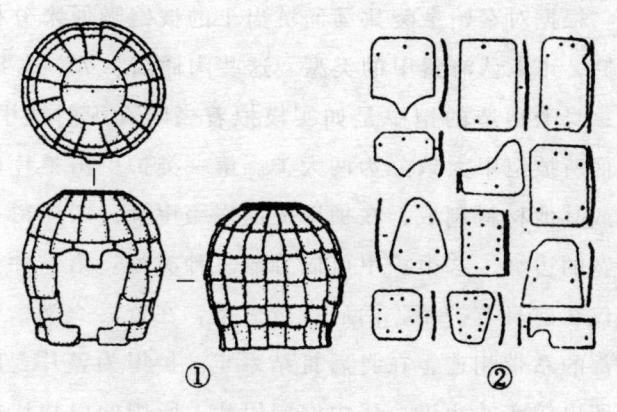

图20 河北易县燕下都出土的铁甲胄

①兜鍪 ②甲片

用于实战,但是仍处于初始阶段,当时冶铁技术还不够成熟,难于大量生产,不能满足军队的需求,加之各国之间生产发展水平不同,所以冶铁技术的发展也不够平衡,因此当时各国的军事装备仍以传统的青铜兵器为主。从考古发掘获得的资料看,战国时期钢铁兵器在燕国和楚国境内出土较多,在秦国境内出土较少。例如,1974年在秦始皇陵东侧发现的兵马俑坑中,出土的兵器除少数铁镞之外,大都是铜质兵器。俑坑中出土的数千件陶质兵马俑,是以写实的手法模仿真人制作的,这些陶俑中大多身穿铠甲。从陶俑身上所披铠甲的形制和特点观察,其中大部分是模拟皮甲塑制的。有少数陶俑仅有前身的护胸而无背后甲。另有一部分身份较高的陶俑,身披的铠甲可能是金属甲的模拟物。至于秦国的军队在战场上是否装备了铁铠甲,还需要在今后的考古发掘工作中去探寻。

根据对秦始皇陵兵马俑坑出土的披铠陶俑来分析研究,可以认清秦甲的类型。这些陶俑高 1.75~1.86 米,身上塑造的铠甲是如实模拟着当时真正的铠甲。秦俑所披铠甲大致分为两大类。第一类护甲由整片皮革或其他材料制成,在护甲上面嵌缀甲片,四周留有较宽的边缘,这类护甲可以分成三种类型。第一种类型仅在前身有护甲,两肩设带后系,在背后交叉,与腰部的系带相连,在身后打结系牢。护甲为整片,四周留出较宽的边沿,居中嵌缀甲片,所用的甲片比后两种类型的稍大些。第二种类型由身甲和披膊组成,都是整片,披膊在四缘留着宽边,中间嵌缀甲片,但身甲只在胸部和腰腹部嵌缀甲片。第三种类型的身甲是整片的，前身较长，下摆呈尖角形，后身较短，下缘平直，周围的宽边上绘有几何彩色花纹，前身在腰部以下嵌缀金属护甲片，而在前胸和肩背处，护甲外面没有嵌缀甲片，仅露出几处花结状带头，花结状带头的位置在胸和背各二处。两肩各一处，或者表明在内部隐藏装有金属护板。另在右肩前有扣系用的扣结，也带有花结带头。其中一件的两肩有整片披膊。第二类铠甲是由甲片编缀成的，这类护甲可以分成三种类型。第一种类型身甲较短，整甲由长方形甲片编缀而成，没有披膊。第二种类型身甲稍长，两肩有披膊，披膊也用甲片编缀。第三种类型身甲较长，领部加有"盆领"，两肩处的披膊向下延伸，一直护到腕部，在护甲前部接缀由三片甲片编成的舌形护手。

上述两种类型的铠甲，第一类铠甲出土的数量较少，大概只是当时军队中指挥人员使用的防护装具，上面嵌缀的甲片可能是以金属制作的，下面的整片甲衣是皮革制成的。其中第一种类型的铠甲是较原始的形态，它代表了秦国军队早期军事防护装具。

第二类铠甲出土数量较多，是当时秦国军队的主要防护装具。它们有如下的结构特点：这一类型的秦甲均由长方形的甲片编缀而成。甲片的形制多为方形、纵长方形和横长方形。长方形和纵长方形的甲片较大，用来编缀甲身，甲片上用于编缀的穿孔，从1组至6组不等。此外，用于特殊部位的甲片则有变化，如第三种类型铠甲的盆领部分和护手部分，甲片的形制都较为特殊。甲片的编缀方法是一种上下左右固定的编缀,上下活动连缀的编法,用在披膊及甲身腰部以下的部位,以便于士兵活动。组合成整甲时,先横编,再纵编,横编以胸部中间一片为中心,向左右缀编,都是前片压后片,纵连部分在胸部的固定甲片都是上片压下片,腹部活动的连缀甲片是下片压上片。编成的铠甲一般前长后短,前面下缘呈弧形。铠甲长度的增长,主要是加长了腰部以下的活动连缀部分。如第一种类型铠甲的活动连缀甲片有三排。铠甲的身甲由中间一片向左右编缀,甲片的数目为奇数,7片或5片,即或是从中间一片向左右各缀连3片,或向左右各缀连2片,披膊和身甲在肩部缀编在一起,在领部有甲带相连,用带扣扣于右侧第二排甲片处为铠甲开合的地方。在两腋下甲片相连接处作固定编缀。这样士兵穿着铠甲时是从头往下套。披着铠甲要在里面衬垫厚实的战袍,以免磨损士兵的肌肤。

这些不同型制的铠甲,是为了适应不同兵种战时的需要,第一种类型铠甲是供骑兵作战时使用的,铠甲较短,为了乘马方便;第三种类型铠甲是为战车上车御使用的。秦始皇陵陶俑的发现,使人们对秦国军队装备的铠甲类型和制作工艺有了清楚的了解。可以看出铠甲的类型的选型完全是为了实战的需要,秦军已为骑兵、步兵和战车兵设计和制作了适合于其作战的铠甲类型,从而提高了战斗力。另一方面,铠甲制工的精细和华美程度,又表明了使用者在军中的地位的不同,也是当时军中阶级森严的具体表现。秦甲的类型和工艺水平，也为以后汉代铠甲的发展，奠定了基础。

汉代铁铠

精锐的钢铁兵器排挤并取代落后的青铜兵器，而成为军队中主要的兵器装备，是社会发展的必然规律。但是钢铁兵器取代青铜兵器的过程颇为漫长，经历了从战国直到东汉这一历史时期，与之相应的铁质防护装具铁铠的发展历程也同样如此，在战国时代开始出现，直到汉代铁铠才逐渐成为军队中主要的防护装具。

古代文献称汉代铁铠为"玄甲"。《史记·卫将军骠骑列传》中，对"玄甲"，"正义"注明："玄甲，铁甲也，""玄"字泛指黑色，大概因为铁铠由黑色金属制造，所以当时将铁甲称为玄甲。西汉时期为霍去病等名将送葬的玄甲军阵的形象我们已无法看到了，但是模拟送葬军阵的陶俑群，却在陕西咸阳杨家湾被发现了。1965年陕西咸阳杨家湾汉墓出土了2500多件彩绘陶俑，墓坑中模拟武士的陶俑，有40%身着铠甲，均涂成黑色，上面再用红色或白色划分出甲片的细部，这批陶俑正是模拟着身披"玄甲"的汉代军队。

根据西汉时期全国各地出土的铁铠甲所使用的甲片形状，可将之分成三类。第一类甲片是大型的长条形，一般编缀铠甲的胸部和背部。第二类甲片为中型近似方形，下缘较平直，上缘的两角呈弧状，这类甲片多编缀铠甲的肩部和缘部。第三类甲片为小型圆角方形，多为柳叶状和槐叶状，多用以编缀铠甲的两袖或垂缘。用这三类甲片可以编缀成两类铠甲，大型长条形甲片可以编缀成"札甲"，中小型甲片可以编缀成"鱼鳞甲"。西汉初期的铁铠主要是由大型甲片编缀的铠甲。随着对铠甲在使用上需求的提高，铠甲的制作技术也在不断地提高，其防护能力在不断地增强，是当时较罕见的珍品。下面例述几项考古出土的铁铠情况。1959～1960年内蒙古自治区呼和浩特市二十家子汉代遗址中出土了1领完整的铁铠甲，长64厘米。共用甲片约650片左右，铠甲由领、肩、胸、背和垂缘等部分组成。前胸开口，腋下两襟用4排铁扣扣合。身甲用大型长条形甲片以固定编缀而成。肩部披膊用圆角长方形甲片分6排作活动编缀，甲下缘用圆角方形甲片3排活动编缀，垂于腰部以下（见图21）。同座

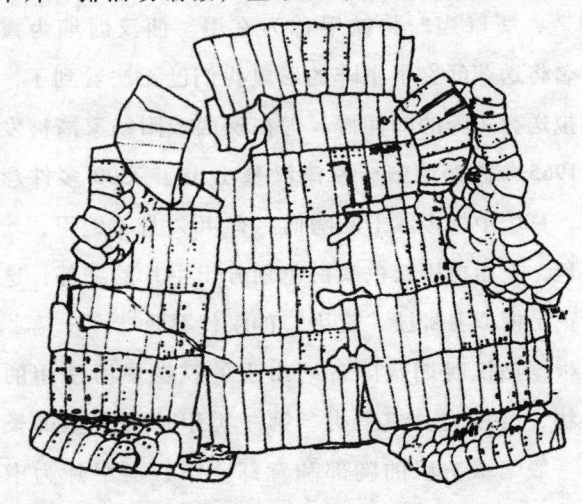

图21 内蒙古呼和浩特二十家子汉城出土的铁铠甲

城址内出土的另1领残铁铠甲，是主要用圆角长方形甲片编缀而成的鱼鳞甲，甲片先横编，然后再纵连。这领铠甲共用甲片660余片，出土时残损严重，很难辨认甲片在铠甲上的部位。在二十家子汉代城址发掘中还出土有300多片零散的甲片，以圆角长方形甲片为主，甲片微鼓，上面有单面和双面两种穿孔，一般是两孔一组，与边缘平行排列。二十家子古城出土的甲片标本经北京钢铁学院进行的金相鉴定，是一种低碳钢，表面磨光，为铁素体组织的纯铁，横断面中心部位铁素体加珠光体，有氧化物和硅酸盐夹杂，可能是海绵铁渗碳后反复锻打然后经过退火而制成的。二十家子汉代城址铁铠甲的发现，反映出西汉时期铠甲的制造有了进一步的发展，证实了当时的铁铠锻造技术已经达到相当高的水平，为了解西汉时期的铠甲形制提供了珍贵的实物资料。

至于西汉初期铁铠的类型，陕西咸阳杨家湾西汉早期墓随葬俑坑发现的彩绘陶俑，提供了重要参考资料。那里共出土彩绘陶俑2500多件，其中40%以上的彩绘陶俑身披铠甲，多为用长条形甲片编缀的札甲，每领铠甲的身甲以甲片纵编3排，横编8排，以固定编缀法编缀成胸甲。背甲同于胸甲。胸甲、背甲下排在腋下相连。第一排左右两角各有带子向上系结于肩头，骑兵即使用这种铠甲。步兵的铠甲则再在两肩增加披膊，约用3排，每排有五六片甲片，以活动编缀编成。并在身甲和背甲下缘增加活动编缀的甲缘。在所出陶俑中，只有一件陶俑的铠甲最为特殊，身披由圆角长方形甲片编缀的铠甲,形状为鱼鳞甲,比其他的俑都高大,还穿着一双华贵的长靴,看来这件陶俑在军队中的地位比那些穿麻鞋的武士俑要高。但是就连这件唯一披着鱼鳞甲的陶俑,腰部以下的垂缘部分仍然用较大甲片编成的札甲。这正说明鱼鳞甲在当时还是较罕见的贵重的防护装具。

1957~1958年,河南洛阳西郊3023号西汉晚期墓中,发现了一领锈蚀残毁的铁铠甲,保存有380多片甲片,主要用柳叶状甲片编成,除了边缘用的是中型甲片外,铠甲的外貌像细密的鱼鳞,少数甲片上附有绢丝痕迹,部分甲片上保留着穿连甲片用的麻绳痕迹。编成后的铠甲细密牢固。

1968年在河北满城刘胜墓的发掘中,出土了1领铁铠,铁铠甲出土时卷起来存放,锈蚀严重,经仔细修复,发现铁铠由身甲、筒袖和垂缘组成。这是主要用槐叶形甲片编成的精美铁铠甲,共用了2859片甲片,甲片细密呈鱼鳞状,前胸开襟,然后在腋下扣连胸背。这领铁铠的主人是中山靖王刘胜,表明这种鱼鳞甲是身份高贵的王公将领使用的防护装具(见图22)。

比刘胜墓出土的铁铠甲外貌更为精美的西汉铁铠甲,在发掘山东淄博临淄区大武乡窝托村西汉齐王墓的随葬坑时,出土的铁铠甲和铁胄中,有一领华美的贴金银铠甲。这领铠甲共用2244片甲片,以麻绳组编而成。铠甲为右襟开口,有披膊和垂缘,用叶形和长方形两种甲片编成。横排甲片一律由前胸当中向两侧按顺序叠压,披膊不能够伸缩,左右肩由4排横置的

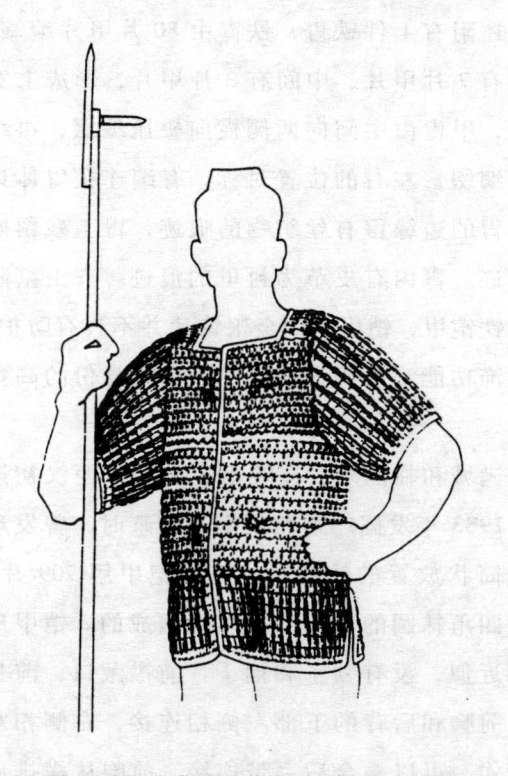

图 22　河北满城汉墓出土的铁甲复原图

长方形甲片组成鱼鳞甲。在部分甲片表面中间贴有方形的金箔或银片，并在这些饰金箔或银片的甲片上再用红丝带编饰出菱形图案，按一定规律编组于铠甲上，因而其外貌分外华美漂亮。此外，另有 1 领素面铁铠甲，甲片的大小形状及甲片上的穿孔基本上与贴金银甲相近似，只是表面没有加任何装饰，这领甲编缀有披膊及垂缘。由叶形甲片和长方形甲片组成，共用了 2141 片甲片。披膊的上段作固定编缀，下段为能够伸缩的形式，左右两肩各以 5 排纵编甲片编缀而成。这领铠甲还附有 1 件铁胄，铁胄由 80 片甲片编缀而成。最上排有 7 片甲片，中间有 3 片甲片，形成上宽下窄的形状，甲胄由中间向两侧横向叠压编缀，再纵排从下向上编缀，左右的位置对称，有编连在胄体口下的护耳。胄的边缘留有丝织物的痕迹，胄上残留麻绳编缀的痕迹。胄内有皮革为衬里的痕迹。齐王墓随葬的贴金银铁铠甲，铠甲上的金银饰片并不具有防护功能，只有装饰功能，主要表示铠甲的主人身份的高贵和权势。

除满城和临淄外，在岭南也发现过西汉初期的铁铠甲。1983 年发掘广州西汉南越王墓时，曾发现 1 领卷曲呈筒状放置的铁铠甲，整领铠甲用 709 片甲片，主要是四角抹圆的长方形甲片编缀成的。铠甲形状同坎肩相近似，没有领子和袖子。前襟敞口，前身比后身短，前胸和后背的下部左侧相连接，右侧相对应处为敞开式，可以叠合后系带连接。前胸从横排后居中的甲片分别向两侧叠压编缀，直到后背压在最中间的一片甲片上。纵排甲片从上而下依次叠压编缀，铠甲的右肩上有系带的痕迹，前胸右侧也留有丝带穿过的痕迹。推测可能是穿着后用打结的形式将两者连系起来。在铠甲的下半部有用丝带穿过的甲片上编饰出三个套合的菱形图案，很富有立体感。从铠甲的肩部和底缘残存的痕迹观察，原来铠甲以锦类织物包边，表明制造工艺精美细致。内里留有一些皮革衬的痕迹，证实铠甲原来内加有衬里，在穿着时可避免甲片磨伤肌肤。

从上述考古发掘出土的铠甲的情况看，西汉时期铠甲日趋精湛，战国时尚处于萌芽时期的铁铠甲，到西汉已渐成熟，成为最主要的防护装具。而铠甲的制造工艺水平也已日趋成熟。在甲片的制造、编缀方法和铠甲的形制等方面，都形成了一定的制度。也可以说中国古代的铁铠甲的基本特点，这时已经大致具备了，以后只是在它的基础上进一步的发展。而在甲片的基本形状和组编的方法等方面变化不大，主要的变化表现为：一是铠甲的精坚程度日益提高；二是铠甲的类型日益繁多和防护的身躯部位日益加大。

铁铠甲在西汉时期成为主要的防护装具，首先是以当时的生产力水平为基础，冶铁技术的发展和锻钢技术的应用。西汉时以块炼铁多层迭打的钢为主要材料制造刀、剑等兵器，并用淬火来局部提高刃部的硬度和保持兵器所必需的韧性，并在块炼渗钢的基础上逐步发展了"百炼钢"的技术。为了对付日益锐利的钢铁兵器的进攻，防护装具也随之改进，采用了先进的锻炼技术。根据已作过金相鉴定的西汉铁甲片标本得知，表面为铁素体退火组织，中心部分含碳稍高，表明所用的材料是块炼铁，锻成甲片后，经过退火，进行表面脱碳，提高延性。关于汉代军队装备铁铠甲的情况，还可以从居延汉简里看到一些有关的记录。例如在当时甲渠候官所在地破城子曾出土过以下的简文"第十五燧长李严铁鞮瞀二中毋絮今已装，铁铠二中毋絮今已装，六石弩一组缓今已更组，五石弩一太弦三分今已亭。藁矢十二干桴呼未能会，茧矢三十干

五　甲胄春秋

桴呼未能会"。竹简上记录了当时一个燧长检查和修理的兵器,其中有两套铁铠甲和兜鍪,两张弩和长箭、短箭。同时曾在候官遗址中发现了铁铠的甲片。此外我们从居延汉简里读到不少关于铁铠甲的简文,从中可以了解到汉代居延烽燧的守卫者中,铁铠甲和铁兜鍪是普遍使用的。

在居延汉简里,除了有关铁铠甲的简文以外,也有一些有关皮甲的简文。这也反映出当时铁铠甲排挤了皮甲成为战场主角以后,皮甲仍在配合铁铠甲使用。1955年在长沙南郊侯家塘清理的一座西汉墓里,发现有皮甲的残片,甲片分长方形、方形和椭圆形等,都是用薄革两相类合的"合甲",外表髹漆,制工精致。和楚墓内出土的皮甲片相比,主要有两点不同:第一作工上更为精致,第二形制上尺寸更小。1942年在发掘乐浪王根墓里,也发现过1领皮甲,甲片已经散乱,残存的甲片有两种,一种高7.4厘米、宽3.2厘米;另一种高5.4厘米、宽3.6厘米。看来前一种接近铁铠第一类大型甲片,后一种接近第二类即中型甲片。这件皮甲的甲片上涂着黑漆,大概也是模拟"玄甲"的制品。从工艺方面看,汉代皮甲比战国时期的皮甲有了很大的改进和发展,它的形制明显地受到了汉代铁铠的影响。

4 裲裆和明光

男儿欲作健,结伴不须多。

> 鹞子经天飞，群雀两向波。
> 放马大泽中，草好马著膘。
> 牌子铁裲裆，钲铧鹳尾条。
> 前行看后行，齐著铁裲裆。
> 前头看后头，齐著铁钲铧。

这首乐府中的横吹曲辞，唱出了南北朝时期骑兵身披铠甲行军作战的生动形象。骑着肥壮的骏马，身披铁裲裆铠，头戴插饰着鹳鸟尾条的铁兜鍪，列队驰骋在大泽中。这首梁企喻歌共有四曲，应为北方民歌，道出了豪放、勇敢的北方民族精神。北方的民歌成为江南乐曲，反映出铁裲裆铠是当时南方和北方都普遍使用的铠甲。至于裲裆（即两当）铠开始出现的时间，至少可以上溯到三国时期。在曹植的《先帝赐臣铠表》中，已记录有一领裲裆铠。这种铠甲所以被称为裲裆铠，是因为它的外貌像当时衣服中的裲裆。据《释名》一书解释裲裆时说，"其一裆胸，其一裆背也"。裲裆铠的前面是裆胸的胸甲，背后是裆背的背甲，在左右两侧的腋下相连，两肩处用带将胸甲和背甲扣连。由于裲裆铠身长只及腰部，穿着以后两臂挥舞兵器搏斗时很方便灵活。《太平御览》引曹植表说："裲裆铠，十领，兜鍪自副，铠百领，兜鍪自副。"说明曹植时已使用了裲裆铠，又由于裲裆铠与一般铠甲的比例为1∶10，可以看出裲裆铠的数量比一般铠甲的数量少得多，裲裆铠在当时还应是一种数量较少的新型铠甲。直到南北朝时期，这种铠甲才发展成军队的主要防护装具。

北朝时期的裲裆铠,可以从已发掘出土的北朝陶俑观察到它的形貌。例如在西安任家口北魏正光元年(520年)邵真墓出土的陶武士俑,头戴兜鍪,身披裲裆铠,大口裤,缚裤。又如河北曲阳嘉峪村北魏正光五年(524年)韩贿妻高氏墓出土的陶俑,头戴兜鍪,身披裲裆铠,束腰带,腰以上刻出3排甲片,甲片为圆角长方形,兜和铠甲涂成红彩,内衣残存着蓝绿彩。从上述两例可以看到北魏时期裲裆铠的形貌。至于南朝的裲裆铠,可以从河南邓县学庄南朝彩色画像砖上看到其图像,在一块画像砖的骑士画像中,可以看到他身着裤褶,在褶上罩着裲裆铠,肩部连扣胸甲和背甲的扣带画得非常清晰。南北朝时期裲裆铠的质地,有铁甲和皮甲两种,铁裲裆铠所用的甲片有长方形的,即前引梁企喻歌辞中讲的"牌子铁裲裆,"另外也有甲片编缀细密的鱼鳞甲,如韩贿妻高氏墓出土陶俑所披的裲裆铠。由于裲裆铠制作精坚合体,正是当时骑兵理想的防护装具。

　　除了裲裆铠外,在南北朝又开始流行一种新型的更为精坚的铠甲,即为明光铠。这种铠甲的胸前和背后各有两面大型的金属圆护,很像一面面闪光的明镜。在战场上,金属圆护反照太阳的光辉发出明光。曹植的《先帝赐臣铠表》中记录的几种名贵铠甲中,已记有一领明光铠。表明这类铠甲,至迟在三国时已经出现,但却属罕见的名贵铠甲,其原因可能是明光铠的制作工艺技术要求更高的缘故。北魏时军队装备的明光铠的形貌,可以从北魏永安二年(529年)宁懋石室门扉上的刻线雕画中看到。在两扇门上各刻一身着甲胄和手拿兵器的武士，所披铠甲就是明光铠。胸甲为左右两面大型金属圆护，腰间束带，在肩部和大腿处，分别有甲片编缀的披膊和腿裙。北朝末年，明光铠的使用日趋普遍，披明光铠的陶俑和石刻发现很多。河北赞皇东魏武定三年（545年）李希宗墓出土的持盾陶俑，和他弟弟李希礼墓出土的按楯陶俑都身披明光铠。北齐时期的资料，有天统二年（566年）崔昂墓出土的陶俑和武平六年（575年）范粹墓出土的陶俑，也都头戴兜鍪，身披明光铠，左手按着饰有狮子面图案的长楯。所戴兜鍪中脊起棱，额前伸出冲角，两侧有护耳，护耳上加覆一重方形护耳，这种兜鍪流行于北朝晚期。河北响堂山北齐洞窟里，披着铠甲的神王雕像，都是身披明光铠，自颏下居中纵束甲绊，至腹前打结，束于腰上，胸前左右有两面金属圆护（见图23－①、23－②）。由以上诸例可以看出明光铠

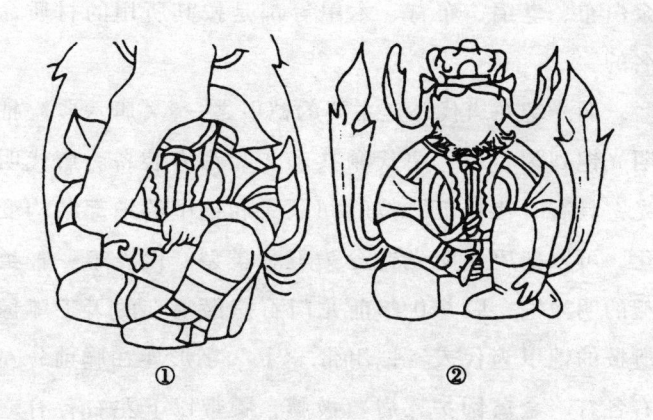

图23 明光铠

①、②河北响堂山第三窟中心柱室床下小龛中神王雕像

在北朝末年非常盛行。据《周书·蔡祐传》记载，当时北周将领蔡祐披着明光铠在邙山参加战斗时，"祐时著明光铁铠，所向无前。敌人咸曰：'此是铁猛兽也'，皆遽避之"。说明了明光铠确实是一种防护力强的精良铠甲。

唐代铁铠

到了唐代铠甲仍是军队的重要防护装具，种类繁多，据《唐六典》记载，铠甲有十三种："一曰明光甲，二曰光要甲，三曰细鳞甲，四曰山文甲，五曰乌锤甲，六曰白布甲，七曰皂绢甲，八曰布背甲，九曰步兵甲，十曰皮甲，十有一曰木甲，十有二曰锁子甲，十有三曰马甲。"这些铠甲中，明光、光要、细鳞、山文、乌锤、锁子等都是铁铠甲，皮甲以皮革制成，其余白布、皂绢、布背、木甲等都是按其所用的材质命名的。

明光铠在唐代还是主要的铠甲之一，《唐六典》把明光铠列为首位，唐代骑兵和步兵都有装备。唐代明光铠具有时代特征，按时间顺序和铠甲的细部结构变化，可以把唐代明光铠分为五种类型。代表第一种类型的明光铠，以650年前龙门石窟潜溪寺的天王雕像所披的铠甲为代表，铠甲带"十"字形伴在胸前，左右各有一金属圆护，肩覆披膊，腰带以下左右各有一片膝裙，以护住大腿，小腿上缚有"吊腿"，这与北朝时的明光铠不同，已发展为典型的唐代铠甲。代表第二种类型的明光铠是麟德元年（664年），郑仁泰墓出土的涂金釉陶俑，俑头戴着兜鍪，有顿项及护耳，颈有项护，甲身前部分为左右两片，每片中心有一小圆护，胸背甲在两肩上用带前后扣连，甲带由颈下纵束至胸前再向左右分束到背后，然后束到腹部，腰带下左右各有一片膝裙，其下露出绿色绘宝相花纹的战裙。两肩的披膊分作两层，上层为虎头状，虎口中吐露出下层那片金缘的绿色披膊。代表第三种类型的明光铠是总章元年（668年）李爽墓出土的陶俑，其中一件陶俑高99.5厘米。俑身贴金饰彩绘，脚下踏牛，所戴兜鍪左右的护耳外沿向上翻卷，颈上围着一周颈护，披膊呈龙首状。胸甲从中间分成左右两个部分，上边有凸起的圆形花图案，上缘用带向后与背甲扣连，从颔下纵束甲带到胸甲处经一金属圆环与一横带相交，腰带上半露出护脐金属圆护，腰带下边左右各垂一膝裙，小腿缚扎吊腿。腹甲绘成山纹状，铠甲制作精细。代表第四种类型的明光铠是长安三年（703年），独孤君妻元氏墓出土的彩釉陶俑。俑头戴兜鍪，护耳上翻，顶竖长缨。项护以下纵束甲带，从胸前横束到背后，胸甲从中间分成左右两个部分，上面各有一金属圆护。腰带以下垂膝裙，鹘尾，下缚吊腿。肩部覆披膊作龙首状。敦煌莫高窟盛唐时期的洞窟中，能够见到这种类型的铠甲，像第319窟和第79窟的天王像，这些铠甲上扣连着胸甲和背甲的带子刻画得较为明显。代表第五种类型的明光铠是敦煌莫高窟第194窟的神王塑像，兜鍪的护耳部分翻转上翘，甲身连成一个整体，背甲和胸甲相连的带子，经过双肩在前扣住，胸部和腰部各束一带，腰带的上半部分露着护脐圆护，披膊作成虎头形，腿上缚着吊腿。这种类型的铠甲是综合了上述四种类型的铠甲变革而制出来的。为未来的铠甲制作创造了先例。铠甲从650年左右直到中唐时期，兜鍪下带有较长的护耳，下面可以接到颈甲处，这样能够安全地保护住武士的头部，身甲胸部两边的金属圆护和背甲在肩头用带扣连，腹部上的金属圆护，护住了士兵的整个前身，加上身甲下面垂着护双腿的膝裙和小腿上的"吊腿"，使得士兵的全身都得到铠甲的保护。从中可以看出，铠甲发展到唐代以后，制作相当考究，结构也更趋完善。

皮甲胄发展到唐代仍在沿用，山西太原附近出土的陶俑，身披模拟的皮甲，结构简单，甲身连成一片。制作时先把皮革制成甲片，然后编缀成铠甲。敦煌第322窟的神王塑像身披的铠甲是模拟皮甲制作的，披膊和膝裙都是整片的，上面绘着横直的条纹，沿用着早期的制作工艺。

唐代用织物绢布命名的铠甲，是供仪卫卤簿使用的，绢布甲的外形豪华美观。李仙蕙墓中出土过一件彩绘陶俑，俑身披的铠甲模拟华丽的绢甲，绢甲以蓝、黄、绿等彩色绘成流云、缠枝、宝相等美丽漂亮的花纹。

六　铁骑纵横

1　扬威漠北

汉代是中国古代经济、文化发展的繁荣时期。为了保卫国家机器，军队的规模不断扩大，装备的兵器日趋精锐。在军队的构成方面，战车兵的地位日益下降，先秦时期大量使用的单辕双轮驷马战车，在汉代逐渐从战场上消失。骑兵的地位上升，逐渐成为军队的主力兵种。兵器装备自然随军种的变化而变化，过去适应车战而形成的兵器组合已不适应实战的需要，于是适合步兵、骑兵的兵器组合应运而生，汉代的骑兵取代了战车兵，成为军队中的主力。

骑兵作为一个兵种出现在中国古代军队中，大约开始于春秋战国之交。在古代文献记载的中原地区最早组建骑兵的实例是公元前307年赵武灵王"胡服骑射"，目的是对付"三胡"，即东胡、林胡、楼烦。"三胡"是中国北部地区以游牧为生的部族，善于驰马射箭。赵国原来的主力部队，是四匹马驾驶的双轮战车，笨重的战车无法追及轻捷的骑士，处处被动挨打。

为了争取主动,赵武灵王不得不抛弃了传统的车战,学习对手的长处,变胡服骑射,组建了骑兵队伍。

恩格斯曾明确地指出,不论是西方还是东方,"骑兵在整个中世纪一直是各国军队的主要兵种"。在中国古代正是如此。战国时期,各国都正式组建了骑兵部队,但在那时这一兵种还刚开始组建,在军队的总数中,骑兵所占的比例很少。例如秦国有兵员100多万,而骑兵只有万人。燕国有数十万军队,骑兵仅6000。虽然骑兵的数量不多,但是这个新兴的兵种在战场上发挥出强大的威力。依靠轻捷迅速的特点,骑兵常担负着突然冲击,迂回包抄,断敌粮道,追歼溃敌等任务。同时为了加强主力部队的机动性,改良了战车,减轻了它的重量,把轻车和骑兵编在一起,使"轻车锐骑"配合战斗。当时的一些名将都善于骑射。赵国的名将廉颇,年事虽高,犹能"被甲上马"。银雀山竹简的《八阵》篇中,孙膑就讲述了车骑参与战斗的情况,并且指出根据不同的地形,兵力的配置也应该有所变化,"易则多其车,险则多其骑"。但是骑兵的成长是经过了一个过程的。前面曾提到过的秦始皇陵侧的陶俑坑,所表现的还是以战车和步兵为主力的军队,在曲尺形的2号俑坑中,主要部分是驷马单辕的战车,估计有89辆,每车乘员3人,有的战车后面还跟随有步兵,多的一辆车后跟随32名步兵。战车的北边,有3纵队骑兵(见图24),估计约有百名左右。每个纵队前边各有两乘战车引领,看来,这些骑兵部队是从属于作为全军主力的战车部队的,布置在这里是为了保

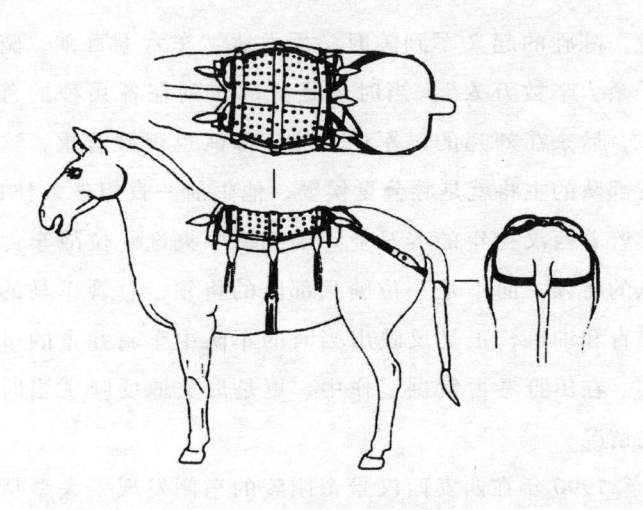

图 24　秦始皇陵 2 号俑坑出土骑兵的陶马和马具

障战车部队侧翼的安全。由此看来，当时骑兵的情况确与战国时变化不大，只是经过秦末农民大起义和以后的楚汉战争，骑兵才迅速成长起来，在战争中发挥了更大的作用，并在部队中普遍设置了专门统率骑兵的各级指挥官。由于骑兵日益成为解决战斗不可缺少的兵种，所以刘邦组建了一支新的精锐的骑兵部队，称为郎中骑兵，以灌婴为将，这支部队在击败项羽并统一全国的战争中屡建奇勋。垓下一战，项羽带着骑从 100 余人突围败逃，进行追击并最后消灭楚军余部，逼得项羽自杀的正是灌婴率领的这支骑兵部队。刘邦麾下的另一个著名的骑兵将领是阳陵侯傅宽，他在随刘邦进入汉中时，已经是"右骑将"了。不过旧的军事制度的影响不是很容易就能消除的，所以在陈胜的起义部队和刘邦的汉军里，战车部队还占有一定的地位。陈胜的起义军到陈时，兵力达"车六七百乘，骑千余，卒数万人"。当时还是把战车列在各兵种的首位，后来在刘邦的汉军中，战车部队也很被看重，这支部队的主将就是滕公夏侯婴，他生前一直担任太仆，掌管着西汉初年的养马业。汉王朝中央选一位战车部队的将领，而不是一位骑兵部队的将领，总管军马的养育和训练，正是反映出当时的军队中车骑并重的事实。在田野考古发掘工作中，更是形象地反映了当时的情况。

1990年在西安西汉景帝阳陵的东侧发现了大型从葬陶俑坑，这批从葬俑坑共14排24个，约有10万平方米。俑坑形状有长条形、"中"字形、"凸"字形、菱形等。最长的290米，最宽的10米。坑底部铺木板，侧壁垒枋木，上盖棚板，铺芦席。从已发掘的3号、4号坑看，出土陶俑300多件，为男性裸体俑，只有躯干双腿，肩两侧有贯通胸腔的圆孔，陶俑的胳膊为木制已脱落。身饰红彩，再用黑彩涂出头发、眼、须眉，相貌仪态各有不同，一般高约62厘米。陶俑穿纺织品服装，但因年久衣服已腐朽。2号坑出土设篷盖的木车2乘，陶俑6件，似为车马坑，这三个俑坑出土的兵器有铜镞、弩机、铁戟、矛、剑和生产工具铁锛、凿等，都是按陶俑比例制作的明器。制作精细，俑体表现生动逼真。

陕西咸阳杨家湾汉墓出土的陶俑军阵，是在两座大墓的陪葬坑中出土的，俑群分别有次序地埋在11座兵马坑内。共出土骑兵俑580多件，步卒俑1800多件，舞乐杂役俑100多件，同时还出土了陶盾牌和1000多件鎏金铜车马饰。这近2500名兵俑布列成一个声势雄伟浩大的军阵，在全军阵中央，是排列整齐的驷马双轮战车，朱红色的车轮，朱漆的车厢上有绘制精细的彩色图案，战车的两翼是四个步兵方阵，步兵方阵前是军乐队，步兵方阵后是紧跟着的两个骑兵方阵，再后边是四个骑兵方阵。步卒俑身着战袍，腿裹行縢，有的外罩黑色铠甲，他们手持的兵器已失，不知何物。骑兵俑所骑陶马的马背上没有马鞍，只是在鞯上铺着一种较厚的鞍垫用革带紧束缚在马背上，前后左右都是垂着红色或绿色的彩缨，马的长尾结扎成束，卷翘左臀部，英武的骑士骑在马上。这时的军阵尽管还是战车占据中军的位置，但数量减少了，而骑兵配合战车作战的军阵，说明骑兵处在发展阶段。骑兵在军队的出现，适合于这一兵种的兵器装备由此出现，这就使西汉时期的兵器有了和以前不同的变化。

1984年江苏徐州狮子山曾发现5座西汉兵马俑坑，4处步卒俑坑在一起，1座骑兵俑坑离得较远。1号坑前列驷马战车，随后是2300多名庞大的步卒俑队伍，他们或身背弓箭，或手持兵器，威武雄壮。由此可以看出，西汉时期步兵在战场上的主力地位。步兵和骑兵在行军、打仗时兵器装备要靠自己携带，因此兵器装备的数量和重量都有一定的限制，从而要生产制造适合步骑兵作战的新型兵器。汉代冶铁和锻钢技术的提高为兵器的改进提供了物质上的保证，钢铁兵器取代青铜兵器，汉代淬火技术的掌握，促使钢铁兵器迅速发展。

由于军队中包括了不同的兵种,同一兵种还有装备各不相同的作战单位,这也就对指挥人员提出了新的要求。要在战斗中根据敌方军队的长处和短处,以及地形的变化,来部署不同兵种的部队,尽量发挥不同类型的兵器装备的效能。具体到兵器方面,要注意不同类型的兵器配合使用,长短结合,相互支持,借以发挥兵器的最大威力。西汉初年就已经很注意总结这方面的经验。晁错在他上书汉文帝言兵事时,指出根据兵法,地形复杂、草木茂密的地区便于步兵作战,开阔平旷的原野则便于车骑作战。他说:"兵法曰:'丈五之沟,渐车之水,山林积石,经川丘阜,草木所在,此步兵之地也,车骑二不当一。土山丘陵,曼衍相属,平原广野,此车骑之地,步兵十不当一。'"同时他还分析了各处地形和兵器的关系,认为"平陵相远,川谷居间,仰高临下,此弓弩之地也,短兵百不当一。两阵相近,平地浅草,可前可后,此长戟之地也,剑盾三不当一。萑韦竹箫,草木蒙茏,支叶茂接,此矛铤之地也,长戟二不当一。曲道相伏,险隘相薄,此剑盾之地也,弓弩三不当一"。不仅如此,晁错也谈到各种兵器的配合使用,"坚甲利刃,长短相杂,游弩往来,什伍俱前"。指出长柄的和短柄的格斗兵器杂相配合,再用远射兵器支持等问题。这里谈到各种兵器的配合使用,实际又联系到部队的战斗队形,也就是"阵"的问题。

汉代已经相当注意阵的应用。当时流行的是"八阵"。关于"八阵"有不同的解释，据李善在《文选》注里讲，八阵是：方阵、圆阵、牝阵、牡阵、冲阵、轮阵、浮沮阵、雁行阵。其实也不一定就是指上述八阵，而是常常把布阵的方法用"八"这个习惯表征"多"的成数概括起来，通称"八阵"而已。银雀山竹简中有《十阵》篇，讲了方阵、圆阵、疏阵、数阵、锥行之阵、雁行之阵、钩行之阵、玄襄之阵、火阵和水阵，它们都是讲的各种不同的战斗队形。从一些实际的战例中可以看到有关战斗的队形——阵和发挥兵器威力的关系。元狩二年（公元前121年）在汉王朝军队和匈奴族军队进行的战役中，李广率领的4000骑兵，与匈奴的4万骑兵遭遇，被围困，于是李广采用了"圜阵外向"的战斗队形，充分发挥了弓弩的威力，成功地抵抗了两天，终于坚持到救兵到达而解围。看来圜阵（即圆阵）是一种防守的战斗队形。三国时期田豫也用过同样的战斗队形，"豫因地形，回车结圜阵，弓弩持满于内，疑兵塞其隙"。这种主要靠发挥弓弩威力的防守队形，和李广所采用的战斗队形相近似。至于李陵在以步兵对抗骑兵的一场战斗中，所列的战斗队形是"前行持戟盾，后行持弓弩"，也是一种防御性的战斗队形，至于进攻的战斗队形，最常用的是步兵居中，骑兵配置左右两翼，便于包抄敌阵。这里有一个东汉时期的战例，就是采用上面讲的队形。建宁元年（168年），段颎统率万余名部队，与先零等族的军队遭遇，"颎乃令军中张镞利刃，长矛三重，挟以强弩，引轻骑为左右翼"。这不但可以看出步兵和骑兵的具体部署，也可以看出各种兵器和战斗队形的关系。

2 马镫源流

历史进入西汉时期，军队的编制虽然包括战车兵、骑兵和步兵等兵种，但骑兵已成长为军队的主力。

从考古发掘中获得的具有一定数量且成队列的骑兵形象，时代最早的资料还要属秦始皇陵侧陶俑坑出土的和真人大小相差无几的陶骑兵和陶马。骑兵队列主要出土于2号俑坑之中，该坑大约放置有116件骑兵俑，在发掘中出土的32件骑兵俑各高约1.8米。这些骑兵俑站立在战马的左前侧，他们左手牵马，右手拿着战斗的兵器，陶俑出土时手中的兵器多已失落，只是有的骑兵俑的身边遗有残铜剑、铜弩机和残朽的木弓。骑兵俑头戴赭色的巾帻，用带系在颌下，身披铠甲，长仅到腰部，并且没有披膊，脚上着靴，他们的这身装束便于在马上格斗。在2号坑中同时还试掘出土了29匹陶战马，陶马高约1.72米，剪鬃，长尾梳成辫形，马背铺鞯，鞯上放有鞍垫，鞍垫的中间微凹，饰有红、白、赭、蓝四种颜色，并且有排列整齐的小圆钉，周缘缀有垂缨和短带，肚带放在鞍垫下缘的中部，勒过马腹后用带扣在左侧，使鞍垫固定在马背上。然后在鞍垫后放置鞦带套结马臀，以使鞍垫牢固。陶马上套有衔镳，马衔是铜质品制造，衔端装有"S"形的铜镳。辔和缰绳都佩有青铜饰件。从陶俑坑出土模拟各兵种的兵马俑数量和排列位置看，这时的军队还是以战车兵和步兵为主力，骑兵的数量还不多，马具的装备也不够完善。

陕西咸阳杨家湾4号汉墓的俑群为我们提供了有关西汉初年骑兵军阵的资料。在这一俑群中，埋有兵车的坑位居中，说明当时仍旧沿袭着传统的军制，把兵车放在主要的位置上。在该墓俑坑中的骑兵俑虽然不多，但有几个特点值得注意。第一是集中排列，自成方阵；第二是骑兵的比例不太大；第三是骑兵中大量是不披铠甲的，披铠甲的只占总数的8%左右；第四是马具仅头有辔，胸有鞦，尾有鞘，背置韂，没有马鞍，更没有马镫，马上的骑士，穿的和步兵一样的麻鞋，似乎没有专为骑兵踩镫的靴子。上述特点，清楚地勾勒出了当时骑兵已是独立的，有战斗力的兵种，一般不着甲和有不够完善的马具，说明当时处于开始发展的阶段。

马具的完善是骑兵战斗胜利的保证，要想控制战马必须有马鞍和马镫。真正的高马鞍的图像目前所知的考古资料，出现于西汉晚期。在河北定县出土的1件错金银铜车饰的图案中，有一名弯弓回射的骑士，他的战马上装备的已是马鞍。迟到东汉的考古资料，例如武威雷台汉墓出土的铜铸骑士俑，可以看出马鞍的制作已经相当精致。马镫的出现比马鞍晚若干年。最早的马镫雏形发现于长沙西晋太安元年（302年）墓中出土的陶马上，只在鞍的左侧靠前鞍桥处垂有一个三角状的镫，看来它是为了骑士迅速上马时蹬踏用的，骑上马以后就不再使用了。我国目前发现年代最早的马镫是河南安阳孝民屯154号墓中出土的1只。马镫挂在马鞍的左前方，马镫的上部是长柄，长柄的上端有横穿，下端为扁圆形的镫环（见图25－①）。这是一座西晋末年至东晋初年的墓葬，墓中还出土了一整套鎏金铜马具，包括前鞍桥、后鞍桥、当卢和辔饰，镳和衔、胸带、鞦带等饰物。辽宁朝阳袁台子东晋墓出土的1副马镫比孝民屯出土的马镫年代稍晚些，墓里发现了一套马具，有鞍桥、衔镳、辔饰、胸带和鞦带饰件。马镫为木芯外包皮革，表面涂漆，饰朱绘云纹图案，长柄，上端有横穿，下部为近似三角形的镫环，环壁内宽外窄，横截面呈梯形，镫芯由藤条合成，环的上端有一个三角形木楔。马镫从单只到双只的发展，证实马镫在实际应用中的变革，只有使用双镫，骑士在马上才能够得到稳固的依托，有效地控制战马。双镫的出现促进了以后骑兵的成长。同时在今吉林集安地区的高句丽族，也已受到中原马具的影响，使用了马镫。例如在吉林集安万宝汀78号墓出土了两副马镫，木芯外包鎏金铜皮，包裹时先在木镫的内侧镶上窄条的鎏金铜片，用细长的小铜钉固定，踏足部分由里向外加五颗鎏金铜铆钉，再在两面夹镶镫形的鎏金铜片，在里沿和外沿分别用小钉加固，其边缘稍折向侧面，裹住侧面窄条铜片，柄的上部有横穿，下部环呈横椭圆形（见图25－②）。在吉林集安七星山96号墓出土的另一副马镫，木芯外包鎏金铜皮，用细长的铆钉加固，铆钉的长短与马镫的厚薄相宜，镫柄上端有一横穿，横穿的内侧残留着干朽的皮条，皮条可能是穿系于马鞍上的（见图 25－③）。到十六国时期，马具更加完备了。辽宁北票北燕冯素弗墓［冯素弗死于太平七年（415年）］出土的1副马镫，桑木芯外包鎏金铜片。制法是用断面作截顶三角形的木条，顶尖向外揉成圆三角形的镫身，两端上合为镫柄，分叉处填三角形木楔，使踏足承重而不致变形。柄的上

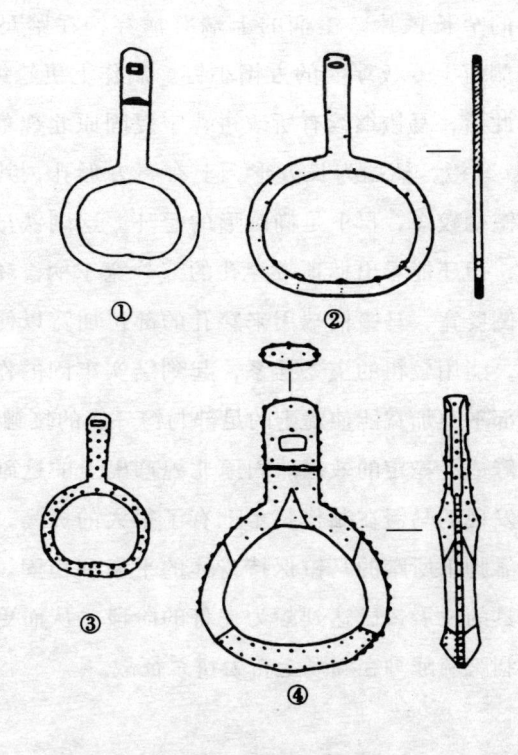

图 25 马镫

①河南安阳孝民屯 154 号墓马镫 ②吉林集安万宝汀 78 号墓马镫 ③吉林集安七星山 96 号墓马镫 ④辽宁北票北燕冯素弗墓马镫

端有横穿，镫环的内面钉薄铁片，上面涂黑漆。镫体与金属包片均有残损（见图25－④）。袁台子墓、冯素弗墓、万宝汀78号墓、七星山96号墓出土的马镫都是双镫，这些马镫都是用藤木等材料为芯，外面包铜、铁和皮革等，制作精细。吉林吉安禹山下41号墓中发现的1副马镫，木芯外裹铁皮，现存的铁皮侧有一凸起的钉痕，在马镫的内外侧面的夹隙处镶嵌顺势弯转的窄长铁片，镫柄的上端有横穿，在踏足的部位从里侧钉上6枚厚实的方帽小钉。制作上更趋细致。

此后，马镫继续有所改进，宁夏固原北魏墓出土的1副铁马镫，柄端为长方形，上有一方形孔，其下为镫柄，镫柄较短，再下是椭圆形的镫环。这副铁马镫锈损严重，但还能看出柄顶带穿孔的部分宽于柄，环的底部比两侧要宽，马镫柄端用来穿孔的部位加宽以便使穿孔加大，能用较粗的皮条栓系，起到结实牢固的作用。镫环底部平直加宽能使骑士的足部与镫环底的接触面增多，起到舒适、稳定的效果。固原北魏墓出土的这副马镫较前期发现的马镫在制作技术上有了很大的提高，骑士能够依靠脚下所踏的马镫保持身体的平衡和稳固。至此骑兵马具的发展，已达到颇为完备的阶段，从而更使骑兵能顺利跨骑战马在疆场上奋力拼杀征战。

3 马矟代戟

西汉时期，骑兵队伍不断发展壮大，成为军队中的主力军，这就需要制造适用于骑兵格斗的长柄兵器。

在以车战为主要战争形式的时代，青铜戟以勾砍为主要功能，以适于两车错毂时格斗。到战国末年，随着冶铁技术的发展，已开始用钢铁戟，但当骑兵发展以后，为适应骑兵战斗的需要，戟在改变了质料以后又改变了形状。因为当双方的骑兵相对驰马冲击时，就需要借助快速冲刺的力量来加强兵器的效能，才能更有力地杀伤对方，为此戟必须由勾砍为主改为前刺为主，而以戟横枝横击和勾砍为辅。因此从战国末期钢铁戟出现时已使用的"卜"字形戟，到汉代便将戟刺加长，刺锋尖锐，以便适于在高速驰马冲击时，随着向前冲刺的态势猛然扎刺对方。从此格斗兵器钢铁戟成为古代骑兵的主要兵器装备。钢铁戟从战国末年开始出现，历经西汉、东汉、魏晋近 8 个世纪的久远历史，曾被西晋名将周处誉为"五兵之雄"。《史记·平原君列传》中记述毛遂说楚王时说："今楚地方五千里，持戟百万，此霸王之资也。"《史记·项羽本纪》中载，楚霸王项羽曾"被甲持戟"，向汉王刘邦挑战。在青海大通上孙家寨出土的第 132 号简文中出现了"马戟"的名称。杭州古荡汉墓和盱眙东阳汉墓出土的长柲钢铁戟，全长 226～250 厘米，步兵使用稍嫌过长，正可能是汉简中所指骑兵使用的马戟。山东滕县西户口出土的画像石上，可以看到用戟勾砍敌人脖颈时的战斗画面。汉代画像石中刻画的那些战争图中，骑兵执戟战斗的画像表明，马戟的使用相当广泛。

东汉以后，为了满足骑兵和步兵在战场上拼杀的需要，铁戟的形制有了新的变化，戟旁侧的戟枝前翘成勾刺，更增强了向前扎刺的效能，而丧失了向后勾斫的功能。从考古发掘中获得的东汉戟的资料中，可以对这时期的戟有所了解。1959年在江苏泰州新庄东汉晚期墓中发现1件铁戟，残长18厘米。刺、枝垂直相交成"卜"字形戟。1972年江西南昌市区发掘东汉早期墓出土1件铁戟，刺与枝垂直相交，长胡四穿，穿均置于有枝的一侧，另一侧有刃向上与刺刃相接，二者相接处稍向弧处凸，原应有鞘，鞘端的铜镖现仍锈合在刺锋端，枝锋已残（见图26）。1976年在湖南郴州市郊东汉墓发掘中，获得了2件铁戟，一件刺锋已残，刺有中脊，两侧有刃，断面呈菱形。旁伸的戟枝上翘，在刺、胡相交处有铜柲帽。另一件较小，侧旁伸出的戟枝也是尖端上翘，成向前的钩刺。在汉代画像里，有两幅描绘骑兵用戟战斗的画面，分别发现于孝堂山和汶上孙家村，不过描绘的都是从后追击敌人时采用传统的回拉勾斫的手法。但在面对面同敌人搏击时，则是用戟刺及前翘的戟枝叉敌人的胸部。《后汉书·虞延传》也有"陛戟郎以戟刺延"的

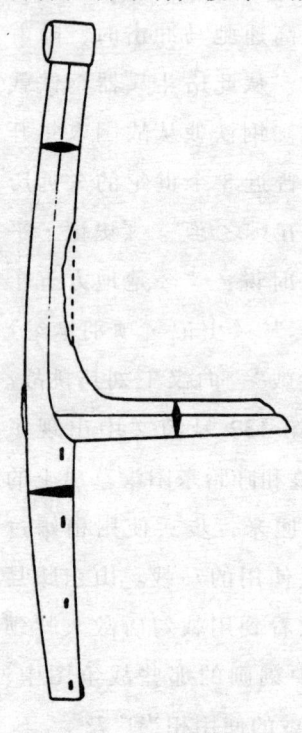

图26 江西南昌出土的东汉铁戟

说法，说明当时用戟的手法主要是叉和刺。

到汉末三国时期，长矛、马矟多盛行在西北和东北边陲一带。《三国志·魏书·郑浑传》注引张璠《汉记》载，在西北边陲，关西诸郡因"数与胡战"，因而连妇女都"戴戟挟矛，弦弓负矢"。因此马矟的盛行大概与地域和民族有着密切的关系。到了南北朝时期，马矟取代了汉代末年至三国时期盛行的马戟，成为重装骑兵——甲骑具装使用的长柄格斗兵器。

东晋永和升平元年（357年）冬寿墓壁画中，在冬寿统军出行时所乘的牛车前面行进的步兵装备的兵器是戟和盾，画面上的戟是双叉形，而在牛车两翼行进的重装骑兵——甲骑具装，手中所执的兵器是长柄的矟。这幅壁画展示了当时重装骑兵已淘汰传统的马戟，其主要的兵器是马矟，但步兵还装备着传统的戟和盾作战。冬寿墓壁画还表明到晋朝时铁戟已制成双叉形，在战斗中主要是向前叉刺，而失去了传统的勾杀性能，向着以刺杀对方的矛类兵器靠近，这种丧失传统性能的改变，是戟这种兵器衰落的表现。导致戟衰落的主要原因，是它不能适应对付铠甲日益坚精的重装骑兵。为了穿透或斫断骑兵的铠甲和战马的具装铠，戟虽已改进成双叉状，但因它的刺与枝都较窄，穿透力不及长身阔体的两刃矟，而在工艺制造技术上，锻制在刺旁加伸前折小枝的戟要比锻制矟的工艺复杂，因此制作工艺简便的马矟更适合战争的需要。从十六国到南北朝时期，骑兵的主要长柄格斗兵器由装备汉魏时的马戟改为马矟。特别是建立北魏王朝的鲜卑族更是以善

六　铁骑纵横

用矟而著称于世，这也是当时以矟代戟的原因之一。

为了适应骑兵征战的需要，在汉代已有马矟使用。《释名》中载汉代的矟长一丈八尺，到南北朝时将矟柄加长，到梁时马矟已长二丈四尺，增长到汉矟长度的一倍半。而且也将矟的刃部增长加宽并制成两刃，以增强矟的杀伤效力。可以引"折树矟"的故事为例。梁大同三年（537年），少府新制的两刃矟，长二丈四尺。当时让羊侃试矟，"侃执矟上马，左右击刺，特尽其妙"。当时观看他使用矟的人很多，有的人登上树去看，"梁主曰：'此树必为侍中折矣'，俄而果折，因号此矟为'折树矟'"。当时矟上的装饰物是幡，北魏禁卫皇室的步兵所用矟采用乌黑色，缀接黑虾蟆幡。

直到唐代，马矟仍是骑兵使用的主要长柄格斗兵器，唐太宗李世民麾下的主要将领，例如程知节、尉迟敬德都善于使用马矟，特别是尉迟敬德不但善于躲避敌人的矟，还可以空手夺矟来还刺敌人。据说李元吉（李世民之弟）也是善于用矟的，他曾经和尉迟敬德比武，可是被尉迟敬德接连三次夺去了他的矟，使他大为愧服。

汉魏时期作为主要兵器的长戟，到唐代已经从实战中被淘汰了，但摆在王公官僚的门前，即所谓的"列戟"。从西安地区发现的唐墓壁画里，常可看见陈放门戟的架子。其中年代最早的就是淮安郡王李寿墓，画出列戟2架，每架各7支戟，共14支戟。至于其中级别最高的是懿德太子李重润墓，因葬制"号墓为陵"，因此画出的2架上放门戟各12支戟，共24支戟，这是和当时皇帝宫殿外的列戟的数目相同的。门戟制度到宋代仍在沿用，并规定戟刃改为木质，完全失去了兵器的功能，仅为摆样子的仪仗品。

除了矟以外，南北朝时军中使用的另一种主要格斗兵器是刀。我们从汉画像石上已经看到过手执刀、盾的骑兵形象，例如山东沂南汉墓墓门楣石上的征战图，从其面相上看，似乎代表着一种古代少数民族的骑兵，而且所执的刀看来还比较短。到南北朝时期则使用了较长的刀，如"七尺大刀"，勇敢善战的骑兵甚至还可以一手使矟，一手用刀，陇上歌谣里称颂的陈安，就是刀矟并举的："骊骢父马铁锻鞍，七尺大刀奋如湍，丈八蛇矛左右盘，十荡十决无当前。"但是在《太平御览》引《灵鬼志》中，却又讲陈安是"双持二刀，皆长七尺，驰马运刀，所向披靡"。总之，都说明陈安是善于在马上用刀作战的勇将。从三国到南北朝，主要沿用汉代以来传统的柄首带有扁圆大环的直体刀，刀环的制作精美，在南北朝时常饰以各种鸟兽的形象。如北周皇宫警卫们所用的刀，有龙环、凤环、麟环、狮子环、象环、兕环、熊环、貔环、豸环等多种刀环。从东晋开始，对刀的外形有些新的改进。例如尝试着把刀锋端稍微加阔些而使刀尖微有上翘，把狭直的斜方刀头，改向前锐后斜的形状过渡，同时还尝试着把刀柄改成圆銎状，以插装较长的刀柄。上述两种形状的铁刀，在江苏镇江附近的东晋墓中出土过。带有圆銎状柄的刀，长 46.5 厘米，有护手。这种类型的刀，到唐代以后成为军中用刀的主要类型，一直沿用到明清时期。

南北朝时期骑兵装备的主要远射兵器是弓和弩。敦煌第 285 窟西魏壁画所绘重装骑兵——甲骑具装，都佩带着弓囊和箭箙（见图 27）。箭镞普遍使用钢铁箭镞，其形状有三棱形镞和扁平状镞两种。在辽宁北票发掘的北燕冯素弗墓中出土的铁镞多达 130 多件，都是扁平状的，中间有脊，剖面呈菱形，镞后尾接有较长的铁铤，铤上有缠绕一段银丝，然后装插入竹箭杆中。该墓还出土有 8 枚鸣镝，都是前端安有三翼状铁镞，铤部插入竹箭杆内，然后在铁镞下面的箭杆上贯串一枚橄榄形的骨哨，哨上斜钻 5 个小孔，发射后可产生鸣响。在北魏文明皇太后冯氏陵墓中，也发现有少量的铁镞，它们中有 3 枚镞呈三棱形，另有 7 枚的镞体扁平而镞锋呈平头的铲形。类似的扁体铲形镞，在吉林集安高句丽族的积石墓中也有出土。表明平头

图 27　敦煌第 285 窟西魏壁画所绘重装骑兵

铲形的铁镞是北方和东北地区各族流行的样式。这时骑兵使用的弩还是臂张弩。

甲骑具装

南北朝时期，军队的主力军仍是骑兵，骑兵部队的核心是骑兵和战马，而其都披裹着护甲为"甲骑具装"。而"具装"就是战马所披的铠甲的名称，或称为"具装铠"。

考古发掘获得的该时期的陶俑、壁画和画像砖里，经常可以看到头戴兜鍪、身披裲裆铠，骑着披有具装铠的"甲骑具装"的形象，其中最典型的代表是敦煌莫高窟第 285 号西魏窟，在其南壁上部以连环画的形式绘出了"五百群贼成佛"的故事。图中刻画出群贼被官军捕获，遭受剜眼的极刑，后皈依佛法，使他们的双眼复明，在群贼拒捕和受刑的场面中，骑马的官军头戴兜鍪，身披带有披膊的裲裆铠，手执长柄马矟。骑士胯下的战马全身披裹着具装，头颈和躯干都被具装遮住，只有马的眼睛、口鼻、耳朵和四肢、尾巴露在外面。在敦煌另一座洞窟保存的彩色壁画中，还有另一幅"五百群贼成佛"的故事，叙述了北周时期骑兵身披铠甲，战马身裹具装铠。上述两幅壁画真实地反映出北朝重装骑兵——甲骑具装的面貌。

"射人先射马"，骑兵打仗丧失了战马，就难以驰骋疆场征战杀敌，因此对战马施加防护装具十分重要。西汉时期，虽有少数骑兵身披铠甲，但是所有的战马都没有防护装具。东汉时期，开始使用战马防护装具，但仅是皮革制成的"当胸"。直到曹魏以后，骑兵才使用了较完善的马铠，但数量有限，例如曹操与袁绍作战时，军中装备的马铠就相当少。曹操在《军策令》中曾讲述他的军队和袁绍军队的对比情况："袁本初铠万领，吾大铠二十领；本初马铠三百具，吾不能有十具，见其少遂不施也，吾遂出奇破之，是时士卒精练，不与今时等也。"当时袁绍有马铠200具，而曹操军队的马铠不足10具。官渡之战时，袁绍的骑兵有2万人之多，但是马铠只有几百具，披马铠的骑兵为3%左右。马铠的数量极少。东晋时期，出现了结构完善的战马铠。战场上出现的披有马铠的骑兵不但数以百计、千计，甚至万计。例如，石勒俘获末杯的战役里，就夺得铠马5000匹；石勒大败姬澹的战役里，更俘获上万匹铠马，可见马铠——具装当时已经是骑兵部队普遍拥有的装备。在冯素弗墓中发现的铁铠甲片里，可以看到一些较大型的甲片，可能是用来编制具装铠的。至于具装的全貌，还只有借助于陶俑和壁画等考古资料。可以看出它是由6个部分组成的。有保护马头部的"面帘"；保护马脖颈的"鸡颈"；保护马前胸的"当胸"；保护马身躯的"马身甲"；保护马尻臀的"搭后"；还有竖立在马尻部的"寄生"，看来它是用于保护乘骑的战士的后背（见图28）。

我国目前发现最早的甲骑具装壁画是云南昭通后海子霍承嗣东晋墓室内的壁画，壁画中绘制了早期重装骑兵——甲骑具装的场面。在河南邓县画像砖墓里

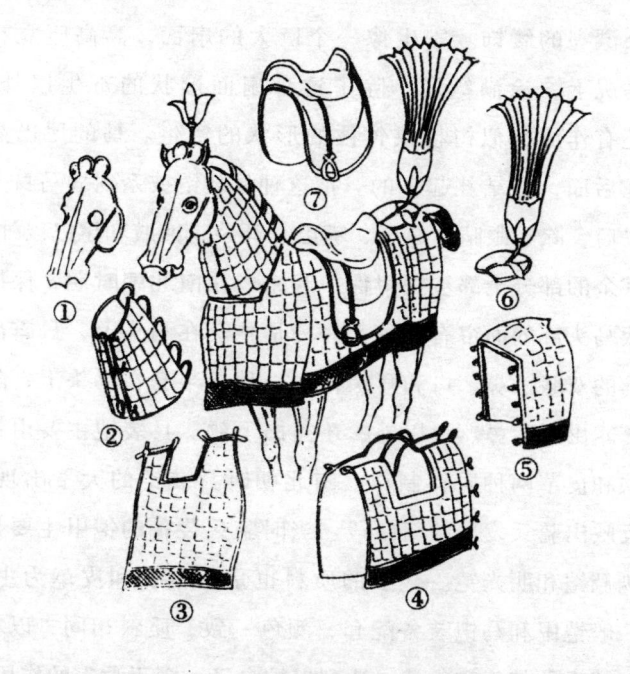

图 28　南北朝时具装铠示意图

①面帘　②鸡领　③当胸　④马身甲　⑤搭后　⑥寄生　⑦鞍具及镫

有一块画像砖上刻画出一匹雄健的黑马，马的全身披裹着白色的具装铠。这领具装铠包括了上面讲述过的6个部分，除了面帘和寄生以外，其余几个部分都是由长方形的甲片编制而成的，除了搭后所用的甲片较小以外，其余的甲片都相当大。在当胸、马身甲和搭后底部，都垂有较宽的垂缘，这种宽软的垂缘，在战马跑动时来回荡动，也可以起到保护战马四腿膝关节以上的部位的作用。面帘看来是用整片的铁板制成的，在马的双目处开有孔洞，在两只马耳朵中间还竖起一朵漂亮的缨饰。寄生像一个巨大的扇面，高高竖立在马尻上，涂满绿彩。除了这种扇面形状的寄生以外，还有作成类似树枝或竹枝的形状的寄生。马的尾巴露在后面，是结扎起来的。把这种具装铠披系到战马身上以后，除了眼睛、鼻子、嘴巴、耳朵、四肢和尾巴以外，其余的部分全部被铠甲保护起来。在南北朝时期，保护战马头部的面帘有两种：一种是整套在马头上，只露出马的双眼、鼻、口和耳朵；另一种是半套在马头上，除了露出眼、鼻、口以外，还露出下颚。具装铠主要由钢铁和皮革两种质料制作。南北朝时具装铠的大量出现，反映出骑兵发展的新阶段。当时骑兵装备的铠甲主要是裲裆铠和明光铠。铠甲的质料也是以钢铁和皮革为主。一般铠甲和马铠装备配套，颜色一致，质料相同，以利于骑兵的编组和作战，达到保护自己，消灭敌人的作用。直到隋朝时期，甲骑具装还在大量使用。

5. 铁铠轻骑

到了唐代，骑兵的装备发生了变革。由于骑兵和战马的全身都披着沉重的铠甲，战斗中加重了战马的负担，骑兵也难以轻捷持久地在疆场上战斗。同时，隋代炀帝时期统治黑暗、腐败。在611年爆发了遍及全国的农民大起义，起义军以简陋的兵器打垮了以重装骑兵为核心的隋朝军队，推翻了隋王朝的统治，扫荡了世族门阀和与之关联的部曲私兵制，排除了重装骑兵为军队核心的地位。导致战马卸去沉重的具装，展示出骑兵队伍灵活、快捷的特点。

在唐代壁画和陶俑里的形象中，可以看到绝大多数的都是马匹不披铠甲的轻装骑兵。据出土资料表明，贞观五年（631年）葬的淮安靖王李寿和中宗即位后（705年）改葬的懿德太子李重润墓里的两组唐代绘彩贴金的甲骑具装俑，都是当作贵族仪仗的模拟物放在墓中。但是，即便是在皇帝的仪卫卤簿中，大量的骑兵队也是人披铠甲（或不披铠甲）而战马不披具装的。

唐太宗李世民就是位善于指挥轻骑作战的将领。在陕西礼泉东北九嵕山主峰昭陵陵园司马门内的东西两庑用大石浮雕着唐太宗李世民生前乘骑作战的6匹战马，即著名的昭陵六骏。可惜这些精美的古代艺术品在20世纪初遭到了破坏，其中2石被盗运出国，另外4石现藏于陕西省博物馆。这6匹骏马是唐太宗下令雕刻的，并命令将它们立在为他修筑的陵墓阙前。每件石雕的高度都超过1.7米，组成了纪念唐太宗生前战功的纪念性群雕。唐朝著名诗人李贺的《马诗二十三首》中，有一首咏名马"拳毛"说："唐剑斩隋公，拳毛属太宗。莫嫌金甲重，且去捉飘风。"这"拳毛"就是"拳毛䯄"，它是唐太宗统军平刘黑闼时所骑的战马，"昭陵六陵"中有它的浮雕侧面像。除它以外，其余五匹战马的名字是"飒露紫"、"白蹄乌"、"特勒（系'勤'字之误）骠"、"青骓"和"代伐赤"，每一匹骏马都可以述说一个动人的故事。六匹骏马浮雕都是属实的文物，生动地再现了初唐时期战马的英姿。战马身上的装饰和马具都刻画得细致而形貌准确。从昭陵六骏中可以看到，唐代马具有了突破性的改进，六匹战马都没有披保护战马的具装铠。特别是那匹"飒露紫"，是李世民与王世充会战邙山时的战马，在它面前刻有的人像正是为战马拔箭的将军邱行恭，他身着铠甲，身上佩着箭箙，表明人披铠甲马去具装的轻骑正是当时军队的主力。从昭陵六骏中还可以看到唐初马具的改进，突出的一点是装备了新型的"后桥倾斜鞍"，在鞍的后侧还垂饰有鞢韂带。马鬃剪成"三花"装饰，这原是流行于古突厥族的马饰，反映了当时马具和马饰受西方的影响，主要受突厥的影响。昭陵六骏中的"特勒骠"，"特勒"实应为"特勤"，系突厥语中"可汗的子弟"的译音，可能那匹骠马系突厥某位特勤的赠品，本来是一匹突厥马。其余五匹骏马的体态特征和马具、马饰雕刻都与特勤骠一致。这一现象正好与文献中所记唐初军中战马多为突厥马种的记载符合。据《大唐创业起居注》书中记载，李渊、李世民父子在晋阳起兵前，曾经按突厥习惯组训骑兵，并向突厥买马以充军用。同时，唐军中还有突厥骑兵参加，如名将史大奈，就是西突厥特勤，他率领的突厥骑兵屡建战功。突厥马在唐代马种改良方面起了很大的作用，而突厥的骑兵装具和战术，对唐代骑兵的组建和发展起到了深远的影响。

七　兵器集成

1　冷兵器集成

唐代晚期至北宋时期，古代冷兵器得以发展。这时火药已经用于制造兵器和原始火器，因此正处于中国古代兵器发展的大转折时期。恰在此时北宋王朝官方主持编修了《武经总要》一书，它是我国现存时代最早的一部附有图像的古代兵器史料。由于考古发掘中发现的宋代兵器资料较少，因此《武经总要》中的图像就成为了解宋代兵器形象的重要资料。书中全面总结了汉唐以来传统的冷兵器的生产、装备部队兵器的类型和新发展的兵器及装备。

960年，北周的殿前都检点赵匡胤，在"陈桥兵变"中黄袍加身，从而成为北宋的开国皇帝。赵匡胤靠掌握禁军发迹，靠兵变的手段夺取了政权，他深知掌握军权的重要性，做了皇帝以后，一方面设法解除了拥戴他称帝诸将的兵权；另一方面加强了由朝廷对国家主力军禁军的直接控制，改变了唐代以来地方藩镇割据的局面，巩固了宋王朝的统治。同时加强了国家对兵器制造业的集中管理，除了加强控制地方各州的兵器生产以外，特别注重在首都建立大规模的兵器生产作坊，设立了南、北作坊和弓弩院。南、北两个作坊设在首都汴梁（开封）的兴国坊，主要制造刀、枪等兵器和各种铠甲。弓弩院专门负责远射兵器的生产，制造各类劲弩和弓箭。在南、北作坊以下，分为51"作"，分工细致，每作专门负责制造一类产品，如"铁甲作"、"马甲作"等。当时南、北作坊的工匠数量多达七八千人。特别是北宋建立初期，为了进行统一全国的战争，宋太祖赵匡胤很重视军事装备的生产，开宝八年（975年）时，他每隔十天便亲自核查一次各种兵器的质量，因而使得北宋初年军械产量和质量均有提高。当时南、北作坊每年制作的兵器多达3万余件，弓弩院每年制作的兵器也超过千件。北宋军队实行统一领导和军备生产实行集中管理，正是宋仁宗时编纂《武经总要》的基础，使该书成为集北宋以前古代兵器之大成的兵器百科全书。

《武经总要》在庆历四年（1044年）经宋仁宗核定出版，全书共40卷，分前后两集，每集20卷。前集的20卷记述了宋代的军事制度。其中包括选将用兵、教育训练、部队编制、行军宿营、古今阵法、通信侦察、城池攻防、火攻水战、兵器装备等，特别对营阵、兵器、器械部分，都配有详细的插图，这些绘制精致的图像，为我们认识和研究当时各种兵器的具体形象和兵器装备情况提供了宝贵的资料。后集20卷辑录有历代用兵的故事，并且保存了许多古代战例资料，对历代的重大战役和用兵得失做了分析。

《武经总要》详尽介绍了北宋时期军队使用的各种冷兵器、火器、战船等器械，并附有大量的兵器和营阵方面的图像，其中第 10 卷至第 13 卷中的《攻城法》、《水攻》、《水战》、《守城》等诸攻战篇，不但记录了与这几种战法有关的兵器装备，还记述了防御工事和战舰的情况。在第 13 卷《器图》中，集中了当时军队的各种兵器装备，每一件兵器都有清晰的插图，仅第 10 卷至第 13 卷中就附有各式插图 250 幅以上，图旁都注有器物的名称和使用的方法，是研究中国古代兵器史的极为重要的资料。

北宋的军队以步兵为主力，在《武经总要》记录的各种兵器也是以步兵的兵器为重点。此外，从《武经总要》中还可以看出以下两点：第一，宋代的兵器继承了汉代以来的传统，因此，《武经总要》中描述的许多兵器类型，都能够清楚地看出它们从汉代以后，经过唐、五代的发展变化，由这部书作了总结后，又影响到北宋以后的兵器类型。第二，自五代以来，军中兵器吸收了不少北部和西部少数民族的精良兵器。如《器图》中的"铁链夹棒"，《武经总要》中明白记载是从"西戎"学来的，是北方少数民族骑兵用来攻击宋代步兵的兵器，被北宋的部队吸收过来，经过改造，成为适用的兵器。除兵器装备以外，还反映出宋仁宗时军事思想的某些积极变化。例如重视《孙子》等兵书中用兵"贵知变"、"不以冥冥决事"的思想，这在宋代军事史上是难能可贵的，书中还注重人在战争中的决定作用，主张"兵家用人，贵随其长短用之"，注重军队的军事训练，认为并没有胆怯的士兵和疲惰的战马，出现上述情况只能是训练不严而造成的。

宋代军队装备的远射兵器，仍然以弓和弩为主。《武经总要》中记录的弓制有4种，即黄桦弓、黑漆弓、白桦弓和麻背弓，从图像看都是复合弓（见图29-①~④）。军中配备的箭共有7种，为点钢箭、铁骨丽锥箭、木扑头箭、火箭、鸟龙铁脊箭、鸣髇箭和鸣铃飞号箭，其中木扑头箭是训练用箭，鸣髇箭和鸣铃飞号箭是信号箭，火箭是火攻用箭（见图30-①~⑥）。宋代不同时期官造的各类箭也随时有改变，例如到了

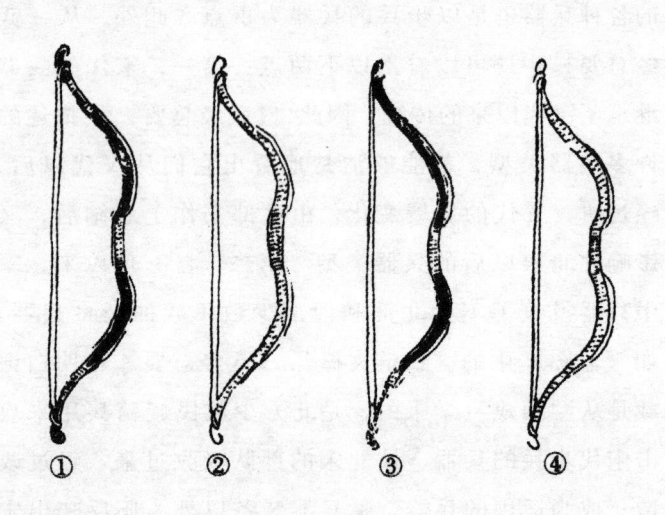

图29 弓

①麻背弓 ②白桦弓 ③黑漆弓 ④黄桦弓

熙宁七年（1074年）时，"始造箭曰狼牙，曰鸭嘴，曰出尖四楞，曰一插刃凿子，凡四种推行之"。这4种箭主要因箭镞的式样不同而得名。

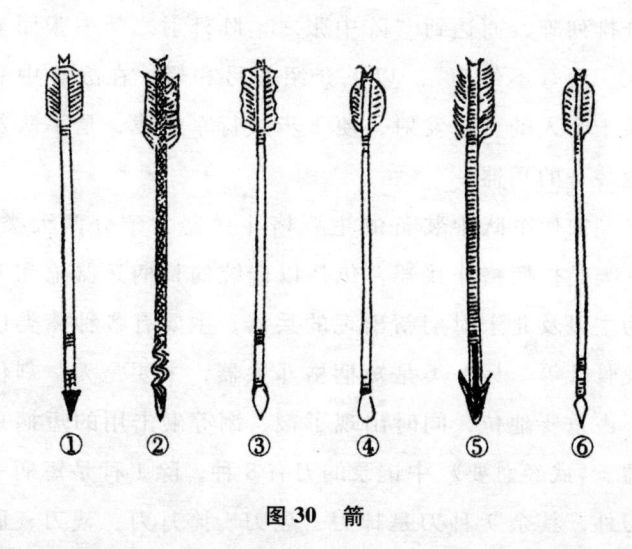

图30 箭

①鸣髇箭 ②乌龙铁脊箭 ③火箭 ④木撲头箭 ⑤铁骨丽锥箭 ⑥点钢箭

《武经总要》中记录的弩有6种，是黑漆弩、雌黄桦梢弩、白桦弩、黄桦弩、跳镫弩和木弩。前4种弩是强弩，由兵士脚踏张弩；后2种弩较小，兵士用臂力即可张弩。为弩而装备的弩箭有5种，即点钢、三停、木羽、飞羽和撲头。三停和木羽用木材制箭杆和箭羽，一般是射中人后，杆断镞留，坚牢而不可拔。三停箭是一种短杆短羽的短箭，射中人之后同样难以拔出。宋代比较大量地使用木羽的弩箭，如《宋史·兵志》记载咸平元年（998年）石归宋制的木羽弩箭，"箭裁尺余而所激甚远，中铠甲则干去而镞存，牢不可拔"。为了解决张弩费力费时，影响发射速度的问题，当时还采取将部队分为"发弩人"、"进弩人"的办法，张弩者专张弩，张好弩交发弩人射击，分排列阵，而达到"阵中张之，阵外射之……张而复入，而弩不绝声"。以上介绍的弓和弩，在战斗中靠兵士个人的力量发射，便于步兵行军野战，是军队普遍装备的兵器。

宋代军队中装备的主要格斗兵器大致分两大类。一类是长柄格斗兵器，包括以传统的长柄兵器枪和刀为主以及北宋时期新出现的兵器，主要有各种棒类以及骨朵等。另一类是短柄格斗兵器，主要是刀，剑仍不占重要地位，同时出现了鞭、锏等砸击用的短柄兵器。《武经总要》中记录的刀有8种，除1种是短柄手刀外，其余7种刀是掉刀、屈刀、掩月刀、戟刀、眉尖刀、凤嘴刀和笔刀。手刀柄短，刃口弧曲，刀头较宽，厚脊薄刃，坚重而有力，比汉代的环首直刃铁刀更适合劈砍战斗。其他7种名目的刀都安装有长柄，长柄刀也可泛称为陌刀，它们中有直刃尖锋的掉刀，类似偃月状的掩月刀以及凤嘴刀、屈刀、笔刀，眉尖刀刀头不宽，呈尖状翘起（见图31－①~④）。宋代的长柄刀对后代刀兵器影响很大，直到明清的大刀还承袭着宋代的样式。《武经总要》中记录的枪有9种名目，为双钩枪、单钩枪、环子枪、素木枪、鸦颈枪、锥枪、梭枪、槌枪和大宁笔枪。这9种枪都安有长木杆，上装刃，下装鐏。宋代步兵和骑兵使用的枪有所不同，骑兵配备的枪在枪首侧面加有双倒钩、单倒钩，

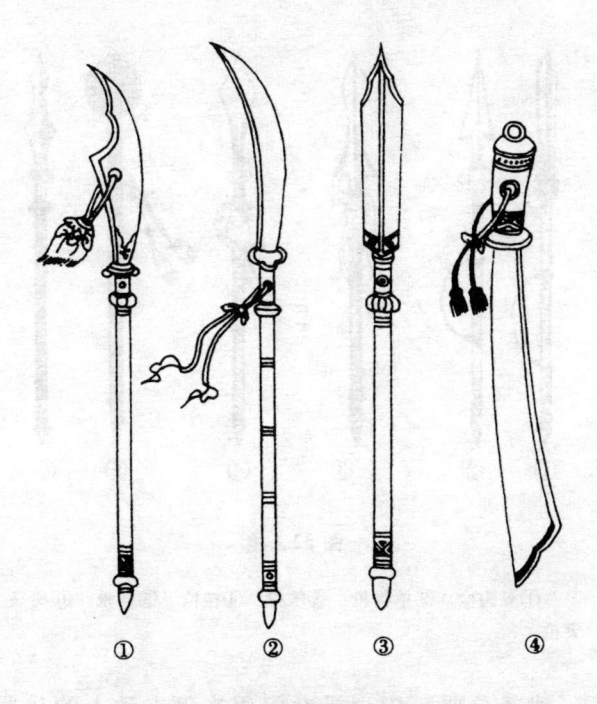

图 31 刀

①屈刀　②眉尖刀　③掉刀　④手刀

或在枪杆上装环，称为"环子枪"。步兵配备的枪多是素木枪、鵶颈枪等。另外还有刃部呈四棱形状，枪尖是不易折断的锥枪。槌枪是军队在训练时为避免误伤而用的兵器，枪的前端不装刃，而是安装一个木质的圆球。梭枪是一种值得注意的兵器，枪的柄比较短，是北宋时期从西南地区的少数民族传来的，梭枪和盾牌配合使用，兵士一手举着盾牌保护自己，一手拿着梭枪，既可用于同敌方扎刺，又可以用于投掷，以杀伤十步以外的敌人。当时这种可以投掷的枪，又可以叫标枪（见图32－①~⑥）。

图 32 枪

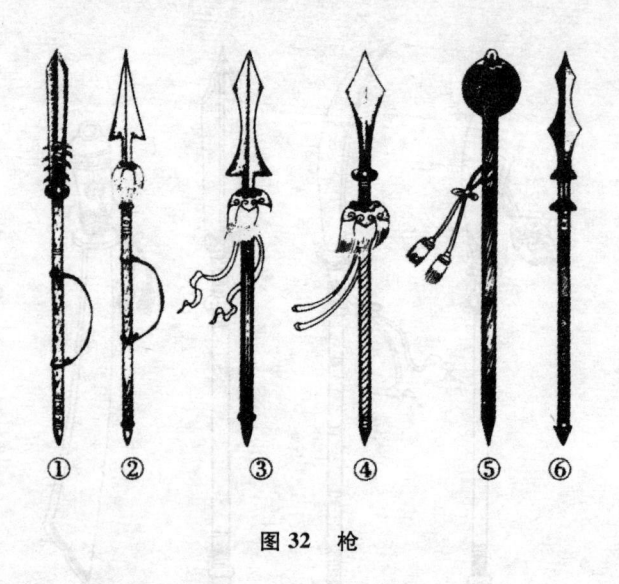

①双钩枪 ②单构枪 ③锥枪 ④梭枪 ⑤槌枪 ⑥捣马突枪

《武经总要》中记录专门用来砸击敌人的兵器主要是各类棒及骨朵和铁链夹棒，其中最常用的是棒类。宋代的棒，又可称"棍"、"杆"或"杵"。一般都是选用质地坚硬，不易变形，形体又直的木材制造，然后经烤、煨、打磨等加工处理。《武经总要》中记录了7种，为诃梨棒、钩棒、杆棒、白棒、杵棒、抓子棒和狼牙棒。常用的有杆棒、白棒，一般长1.5米左右。为了增强棍棒的拼杀力，又在棍棒的端头加装各种坚硬物，这样就形成不同形制的棒。如在棒的一端加设铁链。链上再连一根较短的铁棒叫铁连夹棒，类似的还有双铁鞭，即后世俗称为"三截棍"的兵器。在一端粗一端细的木棒表面包缠上铁皮就是诃梨棒。在棍棒的一头安上粗大的椭圆形木棒，外面用厚铁皮紧包缠起来，再附加许多又长又尖的铁钉的，叫狼牙棒。在棍棒的两端各安装一个钉满刺钉的棒头，打仗时握住中间，用两头打击敌人的，叫杵棒。

骨朵是宋代出现的新型兵器，在一根木棒的顶端装上一个圆球形的锤头，锤头作成多瓣形类似大蒜外观的叫"蒜头"，在圆球外表布满锐利尖刺的叫"蒺藜"。据《武经总要》中讲骨朵"迹其意本为胍肫，胍肫大腹也，谓其形如胍而大，后人语讹，以胍为骨，以肫为朵"。在宋代的禁军中即有以骨朵为主要兵器的"骨朵子直"，后于太平兴国二年（977年）改称"御龙骨朵子直"，由此可见这种兵器在当时很受重视（见图33-①、②）。在河南安阳王用墓壁画和河南禹县白沙1号墓壁画中，都可以看到宋代执骨朵的人物画像。

宋代的防护装具主要是传统的甲胄和盾牌。宋代铠甲的制造在唐代铠甲制造的基础上形成了颇为完整的制度。北宋初年，

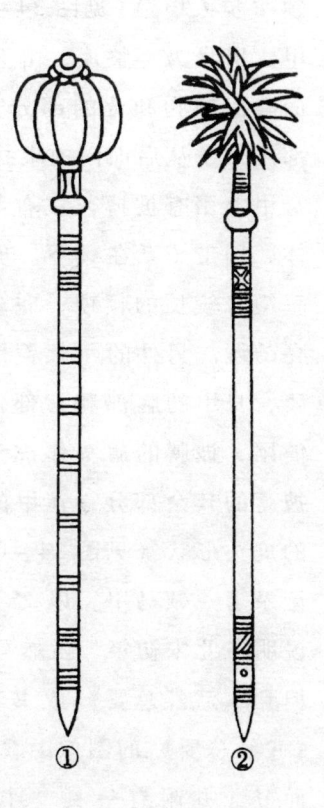

图33 骨朵

①蒜头 ②蒺藜

南、北作坊制造了品种不同的铠甲,年产量达二三万领,有涂金脊甲、浑铜甲、墨漆皮甲、铁身皮副甲、锁襜兜鍪、金钱朱漆皮马具装等。《武经总要》说宋代甲制"有铁、皮、纸三等,其制有甲身,上缀披膊,下属吊腿,首则兜鍪顿项。贵者铁,则有锁甲,次则锦绣缘缯"。书中附有5领铠甲(有兜鍪顿项)和1领马甲(具装)的图像。5领甲胄中有1领"步人甲"(见图34-①),是北宋步兵使用的铠甲,甲身为一整片,由12列小长方形甲片组成,上面有保护胸和背的部分,用带子在肩上系联,自腰部用带子从后面向前束扎,腰下垂有左右两片膝裙,身甲上缀有披搏,左右两片披膊在颈的背后连成一体,用带子系在颈下。兜鍪呈圆形的覆钵状,后面垂缀着较长的顿项,兜鍪的顶部中央洒插着三朵漂亮的缨。另外的4领铠甲,其中1领装饰得比较华丽,身甲的胸部和背部作山文,腰部以下有腿裙和鹘尾,披膊的肩头作虎头形状,虎口里衔着下面的披膊的其余部分,在甲的腰腹部位都作成张口露齿的虎头形状(见图34-②~⑥)。《武经总要》中还记录了一领马甲,以文字注明"裹马装则并以皮",说明在北宋初年,虽然马具装还有皮、铁两种质料,但到《武经总要》成书时,就只用皮革制作了,从《武经总要》的图像中看,马甲的结构完整,包括有面帘(并附有一具"半面帘")、鸡颈、荡胸(即"当胸")、马身甲和搭后五部分。战马披裹上马甲,可以防护住马头、颈和身躯,只露出马的眼睛、嘴

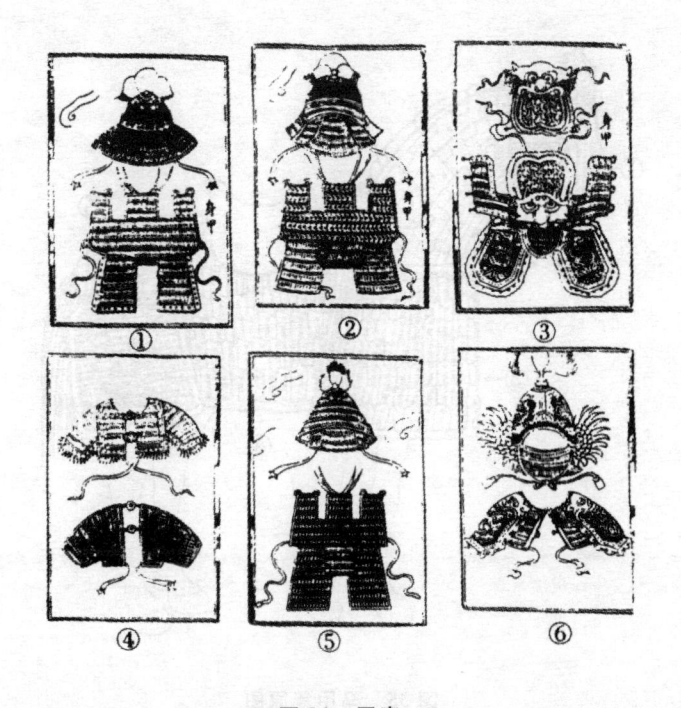

图 34 甲胄

①步人甲 ②头鍪顿项 ③胄甲 ④披膊 ⑤头鍪顿项 ⑥头鍪

巴、耳朵、四肢和尾巴。这种皮质的马甲，开始上面涂有黑漆，以后改涂成朱红色（见图35）。宋代的铠甲，主要是铁甲。一副铁甲的制造，是相当花费工时的，制造时，大约需要以下几道工序，首先要把铁制成甲札（甲片），再经过打札、粗磨、穿孔、错穴并裁札、错棱、精磨等工序。将甲札制好以后，再用皮革条编缀成整领的铠甲。铠甲里面还要挂衬里，以防止磨损披铠兵士的肌体。因此造成一领铠甲，往往需要几十天乃至上百天才能完成。

图35　马甲复原图

①面帘　②鸡项　③当胸　④马身甲　⑤搭后

由于工艺繁杂，所以在北宋南、北作坊中共分51作，其中与制造铁甲有关的有铁甲作、钉铰作、铁身作、纲甲作、柔甲作、错磨作、鳞子作、钉头牟作、磨头牟作等，加上制造马甲及皮甲等的马甲作、马甲生叶作、漆衣甲作、马甲造熟作、皮甲作，以及打线作、打磨麻线作等，占了很大的比例。因系手工操作，而一领铠甲又包括几百片或多到千余片甲片，制成后的重量往往有差别，以至于在兵士领取了铠甲以后，要清数铁甲叶的数量和称量铠甲的重量，然后分别进行登记。据《宋史·兵志》南宋绍兴四年（1134年）规定，全装甲的总重量是45到50斤，不得超过50斤。所用的甲片的叶数共计1825片，要求内外磨锃，其中披膊共用甲片504片，甲身共用332片，腿裙鹁尾共用679片，兜鍪帘片共用310片。到乾道四年（1168年），铠甲各部分甲片的重量都有所减轻，但甲片的数目有所增加，就使铠甲的质量又有所提高，更加精工和细密，并且还按不同兵种设计了不同重量的铠甲。枪手甲的总重量为53斤8两到58斤1两，弓箭手甲总重为47斤12两到55斤，弩弓手甲的总重为37斤10两到45斤8两，都比绍兴全装甲略重。而全甲所用甲片的总数几乎是绍兴全装甲片的1倍，这更说明铠甲的细密程度是提高了。至于铠甲的锻造技术，北宋时期也是逐渐有所提高的，并且不断汲取西北地区少数民族的成功经验。沈括在《梦溪笔谈》里的"青堂羌锻甲"条，就有关于优质的冷锻铠甲的记述。

盾，宋代又称为旁牌，木质蒙皮，《武经总要》中只记录了步兵旁牌和骑兵旁牌各一种，并说："并以木为质，以革束而坚之。步兵牌长可蔽身，内施枪木，倚立于地。骑牌正圆，施于马射，左臂系之，以捍飞矢。"步兵装备的盾牌较长，平底尖首，可以使步兵的整个身躯都隐藏在盾牌的后面。而骑兵装备的盾牌较小，为圆形，盾面画兽首面图案，作战时套在骑兵的左臂上（见图36）。旁牌也有竹制的。《宋史·兵志》记元丰年间，出于节约的原因，"牌以弯竹穿皮为之，以易桐木牌"。

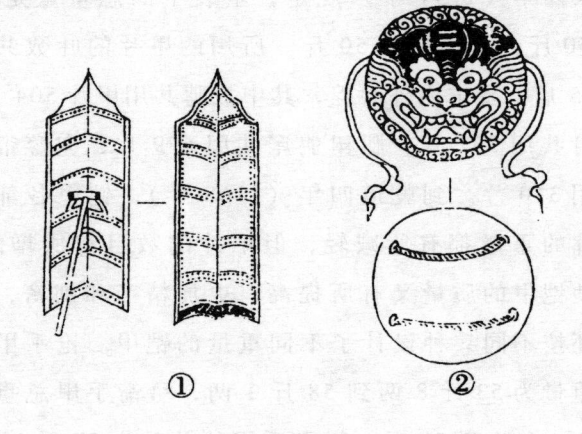

图 36　旁牌

① 步兵旁牌　② 骑兵旁牌

砲和床弩

北宋时期，军队装备的远射兵器除了一般弓弩以外，还进一步发展了两种重型远射兵器，即砲和床弩（或称床子弩）。

炮是宋代军队装备威力最大的远射兵器，也叫抛石机。它是利用杠杆的原理制造而成的，用粗大的木材制成砲架，然后用一根或几根绑缚在一起的长木杆制成砲梢，在砲梢前端用绳索连着一个兜装石弹的皮窝，末端系上几十根拽索。发射前先使前端着地，末端翘昂空中，当石弹放在皮窝中后，由几十名兵士猛然齐力拉动拽索，使砲梢一下子反转上来，就把前端皮窝中的石弹抛射出去。射击的石弹按抛物线状的轨迹飞行，射程可以达到几十米远，有时在砲架下安装上车轮，就成为可以在战场上运动的砲车。

关于砲的历史，有人认为可以追溯到春秋时期，据说越国时已可把12斤重的石弹抛发到200步以外。但"砲"字出现的比较晚，汉代许慎的《说文解字》中还没有出现这个字，大约到了晋代才开始出现与此相关的字，写作"礮"。在官渡之战中，曹操打袁绍营垒的"霹雳车"也是一种抛石机。到了唐代，也有不少用抛石机作战的记载。李勣攻辽东时，使用的抛石机可以把很重的石球抛掷到一里以外。宋代的砲正是在前代的基础上发展而成的。

在传统的中国象棋中，红黑子双方中均有两个"砲"，它在棋盘上可以纵横行走，但当它吃对方子时，中间必须隔着一个棋子，走法很有特点。据说现在流行的中国象棋定型于宋代。"砲"正是当时抛石器械的象征。由于砲利用杠杆原理能把巨大的石弹抛掷出去，石弹飞行轨道是抛物线所以能越过房屋、树林乃至城墙而击中目标。它能击乱敌人的军阵，还能够摧毁敌人的攻城器械，具有强大的杀伤力，因此在宋代很受重视。

《武经总要》中记录了十几种不同式样的砲。有单梢砲、双梢砲、虎蹲砲、五梢砲、七梢砲、柱腹砲、旋风砲、合砲、卧车砲、车行砲和行砲车，还有一种只用两个人的轻便的"手砲"，能发射半斤重的砲弹。上列各式砲中，单梢砲、双梢砲、五梢砲、七梢砲的结构基本相同，都是在一个由四根脚柱构成的方形砲架上装置砲梢，但有轻重之分，梢数越多越重，最重的七梢砲，可以把 90～100 斤重的石弹抛掷 50 步远，它的砲架的脚柱长 2 丈 1 尺，砲梢的轴长 9 尺，砲梢长 2 丈 8 尺，拽索 125 根，各长 5 丈，需由二人定砲，250 人拉动拽索。比较轻便的是单梢砲，只用一人定砲，40 人拉动拽索，可以把 2 斤重的石弹抛掷 50 步远。虎蹲砲和柱腹砲也安有砲架，它的砲架不是 4 根脚柱构成的方形，而是斜三角形，较为灵活，这种砲需要 71 人拉动拽索，发射 12 斤重的石弹，投掷到 50 步以外。旋风砲没有砲架，只是竖立一根巨大的"冲天柱"，在柱头安放砲梢和轴，这样砲梢可以变换方向，向四面发射，由于旋风砲不如单梢砲稳固，也不能太重，所以它只能发射 3 斤左右的石弹。如将上述几类砲装置在轮车上，就形成了各种砲车，装旋风砲的叫旋风砲车，装虎蹲砲的叫行砲车，等等。砲车有装两个轮子的，也有装四个轮子的。这些砲发射一次后要重新装石弹，发射石弹都是间歇的，因此早已有人考虑让抛石机连续发射的问题，据说三国时的马钧曾试验过用车轮使石块连续发射，后来可能是不能实用或普遍运用，所以在《武经总要》里并没有这种连续发射的抛石机的图像（见图 37－①、②）。

　　北宋末年，城防中已广泛使用抛石的砲，并积累了不少经验。南宋初年陈规在他所著的《守城录》中，对这种重型远射兵器很重视，他认为攻城的一方如果"得用砲之术"，就可以很快攻破敌城；而守城的一方如果很好地掌握和运用砲，就能稳固地守住城。他还总结了北宋都城汴京被金攻克的教训，主张不能

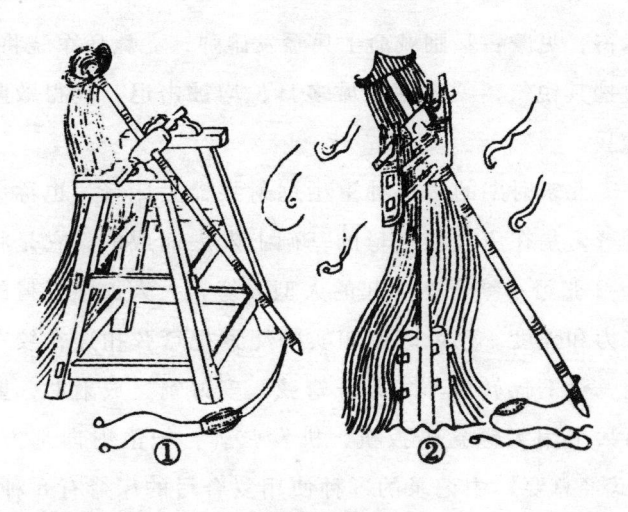

图 37 砲

①单梢砲　②旋风砲

把砲架在城头，因为这样目标大，容易被敌人击中，又因为城墙狭窄，不能安装威力大的重砲。最好的方法是把砲架在城墙的内墙角下，并覆盖上树木枝叶等伪装物，每砲派一名兵士在城墙上窥视敌情，指挥城下砲手校位。小偏，则令其拽砲索的兵士变换方位；大偏，就移动砲位；砲弹打远了就减少拽砲索的兵士，打近了就增加拽砲索的兵士。这样试射两三次后，就可以准确地命中目标。这种把砲放在隐蔽的处所，进行观测修正的间接射击，在 800 多年前确是一种先进的军事指挥技术。宋代曾发生过多次以砲守城的重要战争。如南宋理宗端平三年（1236 年）蒙古大将察罕率兵攻打真州，真州知府邱岊面对 10 倍于己的蒙古大军，在城内设置重重伏兵，并在西城安装砲具，严阵以待，见蒙古兵围城命士兵骤发砲弹，立毙敌军骁将，重挫其锐气，蒙古军攻城多日，均被击退，只得败阵撤兵。

北宋时期的另一种重型远射兵器是床弩，也称床子弩，是在唐代绞车弩的基础上发展而成的。它是将2~3张弩弓结合在一起的大型强弩，大大加强了弩的张力和强度。张弩时用粗实的绳索把弩弦扣连在绞车上，兵士摇转绞车，张开弩弦，安好箭，放射时，要由兵士用大锤猛击扳机，机发弦弹，把箭射向远方。《武经总要》中记录的这种使用复合弓的床弩有8种，可以依弩的强弱和射程分为两类。一类是双弓床子弩，上面装着两张弓，分别置于粗大的弩臂前端和后部，两张弓相对安装。又分为双弓床弩、大合蝉弩、小合蝉弩和双弓𩊠子弩4种（见图38－①）。发射时先用一条两端带钩粗大的绳索，一端勾住弩弦，另一端勾住绞车的轴，然后由五、七名或十余名战士合力绞动绞车，把弩弦张开，并扣在机牙上，专管装箭的弩机手安好弩箭，并瞄准目标。放射时靠人手的力量是扳不动扳机的，专管发射的弩机手高举一柄大锤，用全身的力气锤击扳机，于是巨大的弩箭呼啸着飞向目标。这些箭比较粗大，箭镞是扁凿形的，所以称"凿子箭"，一般射程为120~135步。另一类是三弓床子弩，较前一类更强，射程也大约远出1倍，也分4种：三弓弩、次三弓弩、手射弩和三弓𩊠子弩（见图38－②）。弩臂上的三张弩弓，是前端安两张，后面装一张，也是前后相对安装。由于这类床子弩的力量强大，

图 38 弩

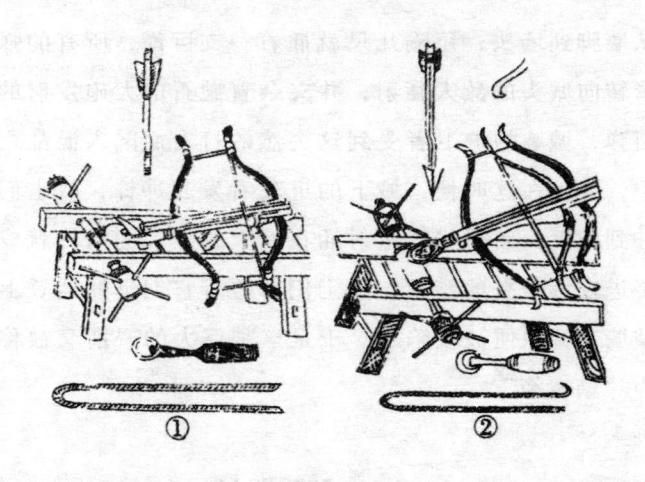

①小合蝉弩 ②次三弓弩

所以又称"八牛弩",表示用八头老牛的力量才能拉开它。用人力开弩一般需 20～100 人,一般射程 200～300 步,约合 370～560 米左右。三弓床子弩使用的弩箭更大,箭上有粗实的箭杆和铁制的箭羽,前端装着巨大的三棱刃铁镞,它的大小和兵士使用的长枪差不多,所以又叫"一枪三剑箭",它还有另一个名称叫"踏橛箭"。那是因为它有一种特殊的功能,即在攻城的战斗中,攻城的一方安装好了一些巨大的三弓床子弩,但是并不是把它们瞄准守城的敌方兵士,却是不停地朝城墙射击。弩箭的威力虽然不小,但若要想以此来摧垮坚固的城墙,当然是蚍蜉撼树。那么这又是出于什么目的呢?射手们一次又一次地费力推动绞车,张开强弩,弩箭一支又一支地飞向城墙。弩箭的前端插入墙内,只有半截粗实的箭杆和尾羽露在墙外面。

从墙脚到墙头,每隔几尺就插着一支巨箭,所有的强弩转向城头的敌人猛射,并夹杂着抛石的大炮发射的石弹,城墙的护卫者受到这突然的打击而陷入混乱之中,也正在这时候,城下的进攻者发起冲锋,战士们冲到城下,而那些依次射插在墙上的巨大的箭杆就成了进攻者攀登的踏橛,战士们踩蹬着它们迅速地登上城墙,城池便被攻陷了。于是这种巨大的弩箭又被称为"踏橛箭"。

3 攻守器械

早在先秦时期,中国古代军事家就已注意到城市攻防战的重要性,也开始制作专用于攻城与守城的特殊兵器装备,后来在《墨子·城守篇》中有较为具体的记述。随着城市的发展和城防的改进,汉唐以来攻守城的装备也日益发展。到了北宋时期,由于社会经济的发展,城市的地位更加重要,同时由于筑城工程技术的进步,砖城逐步代替了原来的夯土城垣,使城防工程日趋牢固。这也反过来促使人们进一步改进和研制新的攻城兵器装备,在此基础上,《武经总要》中用了很大的篇幅,对有关城防建筑以及守城、攻城的各种兵器装备进行了记录。

《武经总要》卷12《守城》篇中首先介绍了北宋时期的城防工事,并附有图像。牢固的砖筑城墙,外面围着宽而深的壕沟,外壕上架的吊桥在敌人攻城时即可以升吊起来。城门外面修筑有瓮城,城门里又加设重门和插板。沿着外壕的内岸,还修筑有较大城低矮的"羊马城"。高高的城墙头上砌筑着女墙,女墙上开有向下射箭的箭窗。隔一段距离就修筑有凸出墙面的"马面",上面设立着敌棚或敌楼,里面装着各种守城的器械。城门上有修筑高耸的门楼,在城墙上还设立一些临时性的穹庐形状的"白露屋",这些都是为了加强城防所不可缺少的防御性建筑物。同时还沿城构筑了一些和城墙相连接的弩台,在台上安装重砲和强弩。在战棚前和女墙外,垂挂着防御砲石弩箭的垂钟板、笓篱、皮竹笆等用生牛皮、荆柳、竹皮等材料编制的防护装备。在城前的大道上还挖掘陷马坑,安装鹿角木,撒放铁蒺藜和铁菱角,也将铁蒺藜等撒放在壕沟内,以阻止敌方涉水过壕。《武经总要》中还记录有多种守城用的各种器械,有车脚檑、穿环、木立牌、竹立牌、拐突枪、抓枪、拐刀枪、钩竿、剉手斧、土色毡簾等,有为了防备敌军利用地道攻城的听瓮(地听)、风扇车、布幔、皮簾等装备,以及火攻敌军用的飞炬、燕尾炬、鞭箭、铁火床、游火铁箱、引火毯、猛火油柜等,如此多样的城防器械和设施严密的城防工事,构成了颇为严密的城防体系。

为了攻取如此严密设防的城堡,攻城一方也就需要研制各种攻坚器械,《武经总要》卷10《攻城法》又对攻城器械有详细的记录。有用于观察敌方城防工事的巢车,以寻找薄弱环节发起进攻。巢车又叫望楼车(见图39)。因望楼车形似鸟巢而得名。车体为木质,底部有4个轮子,在长45尺的望杆上安着方形的望楼,杆下装转轴,用6条绳索分3层,从6面将杆

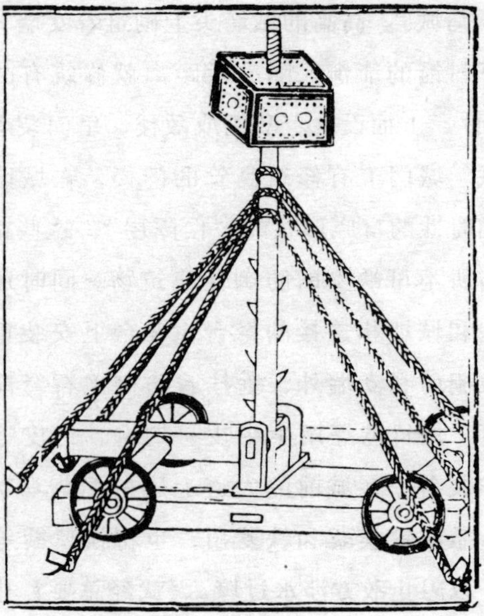

图 39　望楼车

固定，绳索底部用带环铁镢楔入地下，兵士在高耸的望楼里向城堡中瞭望，并将战情向将领报告。用于攻城的重要器械是攀登城垣的云梯，据传是由春秋时期的工匠鲁班首先发明的。在战国时水陆攻战纹铜鉴的图案中可以看到早期云梯的形状。当时云梯已在底部装有车轮，可以自如移动，梯身可以上下仰俯，攻城时靠人力扛抬，倚架在城墙壁上，梯的顶端装有钩状物，可用来钩城缘，以免遭受守城者的推拒破坏。到了唐代，云梯有了进一步的改进，主梯身固定按装在木制的底盘上，下面有 6 个车轮，主梯之外有一副活动的上城梯，它的顶端有一对辘轳，登城时可以沿着城墙壁面上下滑动。攻城时只需将主梯停靠在城下，然后再在主梯上架设"上城梯",即可登城。北宋时进而将云梯作了重大的改进,《武经总要》中有记载:"云梯以大木为床,下施六轮,上立二梯,各长丈余,中施转轴,四面以生牛皮为屏蔽,内以人推进,及城则起飞梯于云梯之上。"说明宋代的云梯采用了中间转轴连接的折叠式结构,又在梯的底部增添了防护措施。"上城梯"(副梯)也做了相应的改进,并出现了多种形式:有"飞梯","长二、三丈,首贯双轮,欲蚁附则以轮著城推进";有"竹飞梯,两旁施脚涩以登"。上述改进,使云梯车运行时更加稳定,有防护能力,且登城时简便迅速。为了抗御守城兵士的矢石攻击,宋代的攻城器械中还使用供遮护兵士接近城门进行攻击的轮车,车身和车顶上都蒙着厚实的牛皮,箭射不透,礌石打不毁,兵士们躲在车下,推着它移向城门。方箱平顶的叫"木牛车",三角形尖顶的叫"尖头木驴",更大的一种下面有方箱,上面有盖尖顶的叫"轒辒车",这类装备的缺点是过于笨重。还有一种"火车",以双轮推进到城下,在车上装着一个点燃的火炉,将木柴堆放上燃起大火,在车下隐藏有一大锅滚沸的热油,当守城的兵士往"火车"浇水灭火时,水一浇入沸油中,就会激爆起来,猛燃起的油焰能窜起几丈高,从而点燃城上木质结构的城楼和守城器械,引起大火。在《武经总要》记录的攻城器械中还有行女墙、木女墙、行天桥、杷车、飏尘车、填壕车、填壕皮车、搭天车、饿鹘车、钩撞车、搭车等,还有为开掘地道攻城用的挂搭绪棚、雁翅笆、皮幔等装备,火攻敌军用的飞炬、燕尾炬、鞭箭、铁火床、游火铁箱、引火球、猛火油柜等。以及铁猫、火钩、火镰、火叉、短刀枪、短锥枪、抓枪、蒺藜枪、拐枪、烈钻、骡耳刀、镭锥、蛾眉镢、凤头斧等各种守城器械。

4 火药初露锋芒

宋代初年，火药开始在战场上出现，这标志着人类战争史上火器与冷兵器并用时代的开始。北宋时期，正是中国古代火器的创制与冷兵器继续发展的时期，由于统一战争和改善边防的需要，北宋政府建立了一个以东京（今河南省开封市）为中心的全国兵器制造体系，大量制造兵器。由于朝廷的鼓励，各地纷纷创制火器，据《宋史·兵志》等史书记载，自宋太祖开宝三年至真宗咸平五年（970～1002 年），有兵部令史冯继升等先后向朝廷进献过火箭、火球、火蒺藜等燃烧性火器，为中国创制火器之始。在此基础上，宋仁宗庆历年间修纂《武经总要》时列入了早期火药兵器和火药配方。

谈到火器的发明和使用，首先要谈到火药的发明。古代火药以硝石、硫磺、木炭或其他可燃物为主要成分，其混合物点火后能迅速燃烧或爆炸。它是中国古代的四大发明之一，对于世界文明的发展起了重大的作用。

火药是现代"黑火药"的前身，它的三种主要成分是硝石（硝酸钾）、硫磺和木炭，按比例将上述三种粉末混合在一起，就制成了火药。对合成火药的这三种成分的认识，是比较早的，除木炭外，硝石和硫磺早就被列入药物类。在汉代成书的《神农本草经》中，已把它们分别列入"上品药"和"中品药"了，至于对它们的进一步认识和将它们组合在一起的实验，则是和炼丹术的发展分不开的。

秦汉时期，封建皇帝为了长久地保持他一个人的统治地位，多祈求长生，尤其以秦始皇和汉武帝最为迷信，以至崇信方士，寻求长生不老之药。由于最高统治者的追求和提倡，于是炼制长生不老仙药的方术——炼丹术日渐发展起来。以后经两晋南北朝直到唐代，炼丹家的活动持续不断，在获得长生的仙丹和掌握炼金术等欲望的驱使下，他们大胆地进行各种试验，虽然成仙的幻想终成泡影，但在实验化学方面却作出了很多贡献，其中包括对硝石等的性能有了进一步的认识和为了变化学药料而掌握了火药的配方。前一方面如南朝时的陶弘景已总结出以火焰实验法来鉴别硝石（硝石，硝酸钾）与芒硝（硫酸钠），他说："以火烧之，紫青烟起，云是真消石也。"这已经近似近代化学分析所用以鉴别钾盐和钠盐的火焰实验法。在此基础上，有了后一方面的实验，用有关成分配合进行变化药料的探索，最先开始可能是使硫磺"伏火"的实验。这种实验大约在唐代就开始了，实验时稍有不慎，就会引起爆炸乃至炼丹房失火等事故，但是发生这种意外事件的原因，往往被涂上神奇荒诞的色彩。也许因为这些药料配合起来能够发火，所以得到"火药"的名称。

火药用于兵器并投入实战，大约始于唐代末年，当时火药兵器只是作为传统火攻战术的一种手段，利用火药燃烧性能去改进传统的火攻兵器，造成新型的火箭、火炮等兵器。但是关于这一点，还只是根据一些文献中并不明确的记载进行的推测。一般认为唐德宗时李希烈的部下用方士策，烧毁了刘洽的战棚等防御设施是利用了火药兵器；又认为唐哀宗天祐四年（907年），郑璠攻打豫章时"发机飞火"，也是用的火药兵器。但是上述二例，都还没有坚实的证据。现在可以肯定的是北宋初年军队中已经装备有使用火药的兵器，宋太祖开宝八年（975年）灭南唐时，使用过用弓弩发射的火箭和砲（抛石机）抛射的火炮，正是因为改用装有火药的弹丸来代替石弹，于是原来从"石"的"砲"字改为从"火"的"炮"字了。以后不断有关于制造火药兵器的记录。然而最完备而有系统的还是《武经总要》中关于火器和火药配方的记载。

早期的火药兵器属于传统的火攻纵火兵器的范畴，有比较轻便用弓弩发射的火箭，将原用的油脂等燃烧物质改换成火药筒，所装火药的轻重以弓力为准，当箭射中目标后可引起燃烧。较重的则用砲来抛发，采用内装火药的圆形炮弹。此外还有木身铁嘴草尾的"铁嘴火鹞"和纸皮竹编内填火药的"竹火鹞"。主要用砲抛射的火药兵器，有内装有毒药的"毒药烟球"；还有弹内装满能刺伤人马的铁蒺藜的"蒺藜火球"，每个球中装着3枚6首铁刃和8枚有倒须钩的铁蒺藜，弹球爆炸后，把铁蒺藜散放出去。还有用竹子做芯，外面裹薄瓷片和火药制成的"霹雳火球"，可爆出雷鸣般的巨响。由于上述几种火药兵器的性能不同，它们所使用的火药配方也不一样，所以在《武经总要》中记有不同的火药配方。

在《武经总要》中记录了三种火药的配方，现分述于下。

第一种，火砲火药法，其配方如下，晋州硫黄十四两，窝黄七两，焰硝二斤半，麻茹一两，乾漆一两，砒黄一两，定粉一两，竹茹一两，黄丹一两，黄蜡半两，清油一分，桐油半两，松脂十四两，浓油一分。在配方以后书中附有以下记录，"右以晋州硫黄、窝黄、焰硝同捣罗，砒黄、定粉、黄丹同研，乾漆捣为末，竹茹、麻茹即微炒为碎末，黄蜡、松脂、清油、桐油同熬成膏，入前药末，旋旋和匀，以纸伍重裹衣，以麻缚定，更别熔松脂傅之，以砲放"。把上述药末混入膏中，然后外裹五层纸，用麻扎缚，然后用溶化的松脂涂抹表皮即成。整个火球重12斤。

第二种，毒药烟球火药法，其配方如下，"球重五斤，用硫黄一十五两、草乌头五两、焰硝一斤十四两，芭豆五两，狼毒五两，桐油二两半，小油二两半，木炭末五两，沥青二两半，砒霜二两，黄蜡一两，竹茹一两一分，麻茹一两一分，捣合为球。贯之以麻绳一条，长一丈二尺，重半斤，为弦子。更以故纸十二两半，麻皮十两，沥青二两半，黄蜡二两半，黄丹一两一分，炭末半斤，捣合涂傅于外。若其气熏人，则口鼻血出。二物（按，指毒药烟球与烟球）并以砲放之，害攻城者"。

第三种,蒺藜火球火药法,其配方如下:"用硫黄一斤四两,焰硝二斤半,麄炭末五两,沥青二两半,乾漆二两半捣为末,竹茹一两一分,麻茹一两一分剪碎,用桐油、小油各二两半,蜡二两半,熔汁和之,外傅用纸十二两半,麻一十两,黄丹一两一分,炭末半斤,以沥青二两半,黄蜡二两半溶汁合周涂之。"

从火炮、毒药烟球、蒺藜火球三种火药的配方中可以得知,火药的主要成分是硝、硫磺和炭。这三个配方是世界上最早冠以火药名称,并直接应用于实战兵器的火药。因之被英国著名的历史学家李约瑟称为"是所有文明国家中最古老的配方"。但是这些配方中,硝的含量低,并含有大量其他成分,通常只能速燃,用以纵火、发烟成散毒,还是一种低级火药,是近代火药的雏形。

北宋时期,由于战争的频繁,火药的生产和火器的制造已具有相当的规模。专职火药管理的机构和专门生产火药的作坊,都是由设在首都开封的"广备攻城作"负责,广备攻城作下面设21个作坊,其中专门生产火药的是"火药作"。当时北宋朝廷对火药的生产采取了严格的保密措施,有关的"制度作用之法"只准工匠诵习,但绝对不准外传。而且工匠隶属于这些作坊后,便得终身服役于其中,如有逃亡缉捕极严,其原因之一是恐怕军事生产的机密外泄。

到南宋时,火药性能不断提高,火药制造技术不断改进,火器生产规模日渐扩大。在宋理宗时荆州

（江陵）地区已成为一个火药兵器的制造中心，一个月中可制造铁火炮一两千只。《景定建康志》中记载，建康府的火药兵器生产数量在2年零3个月的时间内，创造、添修火攻器具达63754件。其中创造10斤重的铁砲壳4只、7斤重的铁砲壳8只、6斤重的铁砲壳100只、5斤重的铁砲壳13104只、3斤重的铁砲壳22044只、火弓箭1000只、火弩箭1000只、突火筒333个、火蒺藜333个、火药弄袴枪头333个、霹雳火砲壳100只，添修有火弓箭9808只、火弩箭12980只、突火筒502个、火药弄袴枪头1396个、火药蒺藜404个、小铁砲208只、铁火桶74只、铁火锥23条（见图40）。除火弓箭、火弩箭和火锥等外，其余的都明确是火药兵器，从中可以看出南宋时期建康府对火药兵器的生产制造是相当重视的。除了生产规模扩大以外，这时火药兵器的性能也有了很大的提高和创新。在实际战争中，起作用的两项改进，第一项是增强了铁火炮的爆炸威力；第二项是改进了喷火兵器。

第一项是增强了主要用于攻坚战和守城战中使用的"霹雳炮"，即"铁火炮"的爆炸威力。在文献中有不少关于铁火炮的描述。杨万里的《诚斋集·海鳅赋》记南宋绍兴三十一年（1161年）时，金军渡江攻宋，曾使用"霹雳炮"，是利用火药喷火的反推力将其送上空中。《金史·赤盏合喜传》记金开兴元年（1232年），赤盏合喜攻汴京（今河南开封）时，守城的宋军使用过各种火箭和火炮进行防御，并抛发过"震天雷"，大约是一种能发出巨响而爆炸力较强的火

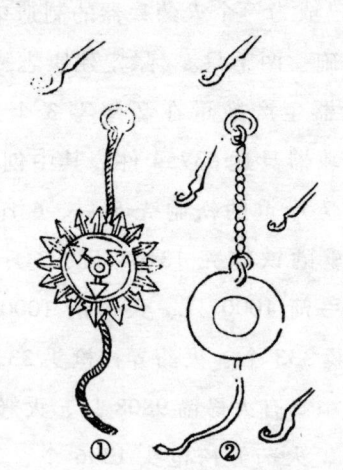

图 40　火球

①蒺藜火球　②引火球

药兵器。在金兵攻克汴梁以后,得到北宋有关火药兵器的生产技术和工匠,从而掌握了制造火药兵器技术的秘密,也开始制造火药兵器并且有了进一步的改进革新。特别是将火炮改用铁壳,使其威力成倍增加。在1221年,金兵攻打蕲州时,从城外向城内用砲抛射了大量的"铁火炮",它是用生铁铸成瓠形外壳的爆炸性火药兵器,小口粗身,安有引线,抛射前先点燃引线,可依目的地的远近不同,选用长短不同的引线,以保证适时引爆。南宋制造的铁壳火炮,已具有较强的爆炸力。以下例子可说明当时火炮的威力。南宋景炎二年(1277年),元军围攻静江城(今广西桂林),经过3个月的顽强抗敌,静江城终于陷落,南宋守军只剩下娄钤辖带领的250人还死守月城。元军又将困守月城的南宋军重重围困十多天，南宋军粮食已断，再难支持了。这时娄钤辖就从城壁上向元军喊话，说："我们太饿了没法出去投降，你们如果能先给些吃的东西，我们就可听命投降。"元军为了争取他们投降，就送去了几头牛和一些米，娄的部下开了城门，取回牛和米后，又把城门关闭。元军爬到高壁上向月城内瞭望，看见里面的守军果然忙于做饭，有煮米的，有宰牛的，大家忙个不停，饭还没有熟，饥饿的士兵就把生牛肉抢着吃光了。突然，守军敲鼓吹角，整理队列。城外元军看到这种情况，以为守军要冲出去进行最后的决战，于是急忙准备迎敌。不料娄钤辖的部下整队以后，突然推出一个大火炮，放在队伍中间点燃起爆，顿时发出雷鸣般的一声巨响，烟气满天，城壁都崩毁了，甚至壁外的元军也有被震死的。待到烟气散去，元军进入月城，只见200多名南宋将士集体自爆殉国，没有一个投降敌人。通过上述事迹，可知一个火炮可炸死200余人，足见当时火炮威力已相当大了。关于喷火兵器的改进和管形射击火器的萌芽，将在下章详述。

第二项是改进了喷火兵器，主要是在通用的冷兵器长枪的枪头后部，增设一个火药筒，常常是绑缚一个筒，内装火药，作战时点燃筒里的火药，喷出火焰以烧伤对面迎来格斗的敌军，筒中的火药燃放完毕，再用火枪同一般长枪一样格斗扎刺。这类火枪因安装了火药喷火筒，所以当时其计数单位不以"支"计，而以"筒"计算。因而在1257年李曾伯在静江调查兵备情况后，回来报告那里的兵器时曾有火枪 105 筒。这种火枪不仅宋军使用，在金军中也有装备，称为"飞火枪"。在《金史·蒲察官奴传》中对飞火枪有较详细的描述。飞火枪的制法是在长枪的前端用绳子系上一个纸筒，长 2 尺左右，用 16 层敕黄纸作成，筒里放置柳炭、铁滓、瓷末、硫黄、砒霜等药料。施放的战士要携带一个藏火种的小铁罐。和敌人对阵时，取火种点燃筒里的火药，喷出的火焰可达一丈多远，药烧光后纸筒里可保存完整并不损坏，能再装药使用。这类附加喷火筒的长枪，到南宋时仍在使用。1268 年张顺等从汉水乘船去援助襄阳守军时，船上所架火枪就是这种附加喷火筒的长枪。《元史·史弼传》所记 1276 年南宋守将姜才的骑上所用的火枪，也是这种可以扎刺的附加喷火筒的长枪。

还有一类火枪与在枪上绑火药筒不同，它用巨竹制成，每支由两个人扛抬发射，火药装在竹筒里，点燃后喷射火焰烧向敌军。这种"长竹竿火枪"最早的例子是陈规在绍兴三年（1133 年）守卫德安时用的。陈规发明的火枪靠燃烧的火药喷火作战，它的形制与在传统的冷兵器长枪上附加火药筒的"飞火枪"，有着根本的不同，它已经接近于原始的管形火药火器。

八　火器神威

1. 原始火器

　　在11世纪中叶，虽然北宋军队已经装备了用于爆炸或燃烧的火药兵器，但真正的射击火器，也就是现代枪械的雏形的管形射击火器，又过了一个世纪以后才出现，它是在南宋军民奋力抗击金兵的战火中诞生的。管形射击火器是在爆炸或燃烧性火药兵器进一步发展的基础上出现的。南宋抗金战争中出现的"突火枪"，已是管形射击火器的雏形。

　　据《宋史·兵志》记载，南宋开庆元年（1259年），寿春府（今安徽寿县）有人创制成名为"突火筒"的火药兵器，"以巨竹为筒，内安子窠，如烧放，焰绝然后子窠发出，如砲声，远闻百五十余步"。但是"子窠"到底指的是什么？记载得很不清楚，有人认为它可能是以后子弹的雏形，如果这种推测合于当时的实际情况，那么，这种从管中利用火药燃烧后产生的作用力发射"子窠"的"突火枪"，可以算是近代枪械的前身。因为它已具备了管形射击火器的三个要素：

枪筒、火药、子窠（最早的弹丸）。枪筒是装填火药与子窠的必要条件，火药在筒中燃烧产生的气体推力能将子窠射出枪筒，产生击杀作用。这是迄今所知世界上最早发射弹丸的管形射击火器，堪称世界枪炮的始祖。可能因火枪系用竹筒制作，故又称"突火筒"。据《景定建康志》中记录，火药兵器诸名目中就有突火筒。在《永乐大典》所引《行军须知》一书，有人认为早到宋代，其中讲攻城时，曾提到守城兵器有火筒、火炮、长枪、檑木、手砲等，所讲的火筒也应与突火筒相近。筒字也可以写作䈪字。后来这种竹筒制造的原始管形火器，逐渐不再使用火枪、突火枪等名目，而火筒的名称保留了下来，直到元末明初还沿用，张宪的诗句"五百貔貅诿善守，铁关不启火筒焦"可以为证。当这种用竹筒制造的原始管形火器改用金属来制造以后，就出现了一个从"金"字旁的新字来称呼它，那就是"铳"字。据明代邱濬在《大学衍义补》中讲到"铳"字时说，字书里过去没有看到过，"近世以火药实铜铁器中，亦谓之炮，又谓之铳"。可见这个新字的出现，正反映出大约在元朝时由竹制的火筒演变为铜、铁制造的火铳的实际情况。

金和南宋先后为元所灭，中国又出现了统一的局面。在统一全国的战争中，元军先后获得金和南宋所掌握的有关火药兵器的工艺技术，也用各种火药兵器装备了自己，燃烧性的火炮、爆炸性的铁火炮和管形的火筒等兵器的制造技术都不断有所改进，其中特别是管形射击火器的改进最为突出。

元代火铳

在南宋出现突火枪等管形射击火器的雏形以后,经过不断改进,以钢铁制造的火铳终于走上了历史的舞台,这大约发生于元末。火铳的制作和应用原理,是将火药装填在管形金属器具内,利用火药点燃后产生的燃气推力发射弹丸。它具有比以往任何兵器都大的杀伤力,实际上正是后代枪械的最初形态。

元朝末年,金属管形射击火器的使用已较多,如《元史·达礼麻识理传》记载,1364年达礼麻识理为了对抗孛罗贴木儿,在铁幡竿山下布列的军队中,"火铳什伍相联",证明所装备的金属管形射击火器的数量已很可观。目前保存最早的有铭文可考的元代火铳,是内蒙古蒙元文化博物馆收藏的1件大德二年(1298年)的铜火铳,铳身竖刻两行八思巴字铭文。是迄今所知世界上最早有明确纪年的铜火铳。铳身所刻八思巴字铭文:"tay dey(dem)qoyar jil di'ere dur chaqlan burin nayan"。词义试译:大德二年于迭额列数整八十。火铳全长34.7厘米,重6.210千克,铸造而成,铳的口部略呈碗形,口外径10.2厘米,内径9.2厘米,壁厚约0.5厘米,膛深27厘米。膛后部药室微隆起,壁上开有一个火门,两侧管壁上有两个对称的穿孔,尾部中空,尾口周沿略凸起。另博物馆收藏的1件元至顺三年(1332年)的铜铳,也是目前世界上有明确纪年的最早的火铳(见图41)。火铳所刻铭文:"至顺三年二月吉日,绥边讨寇军,第叁佰号马山。"铳体粗短,全长35.3厘米,口径10.5厘米,重6.94千克。前为铳管,中为药室,后为铳尾。铳管呈直筒状,近铳口处外张成大侈口呈喇叭口状。药室较铳管为粗,室壁向外弧凸。铳尾较短,有向后的銎孔,底径为7.7厘米,小于铳口径,并在尾部两侧各有一个约2厘米长的方孔,方孔的中心位置,正好和铳身轴线在同一平面上,可以推知原来应用金属的栓从二孔中穿连,然后固定在木架上。如果确实如此,那这个金属栓还能够起耳轴的作用,使铜铳在木架上可调节高低俯仰,以调整射击角度。

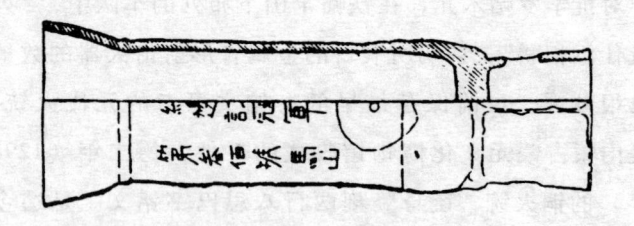

图41 元至顺三年造铜火铳

1961年,张家口地区出土了1件火铳,全长38.5厘米,铳管的筒部较细但口部外侈,呈碗口状,口部内径12厘米,外径15.8厘米,故又被称为大碗铳。此铳与前述元至顺三年铳基本属同一类型,也是安放在木架上施放的,很可能是元代遗物。

与上面铜铳不同的另一类铜铳,口径较上一类小得多,一般口内径不超过3厘米,铳管细长,铳尾亦向后有銎孔,可以安装木柄。最典型的例子,是1974

年于西安东关景龙池巷南口外发现的，与元代的建筑构件一同出土，应视为元代遗物。铜铳全长 26.5 厘米，重 1780 克。铳管细长，圆管直壁，管长 14 厘米，管口内径 2.3 厘米。管后通椭圆球状药室，药室壁有安装药捻的圆形小透孔。铳尾有向后开的銎孔，但不与药室相通，外口稍大于里端。发掘出土时在药室内残存有黑褐色粉末，经取样化验，测定出其中的主要成分有木炭、硫和硝石，应为古代黑火药的遗留。这是研究我国古代黑火药有价值的资料。在铜铳口、尾和药室前后，都铸有加固的圆箍，共计 6 道。和这件铜铳形状、结构大致相同的铳，在黑龙江阿城半拉城子和北京通县都出土过。看来这类铜铳尾部的銎孔，是用以插装木柄用的。

　　将以上两类元代火铳比较一下，可以看出它们的不同特点。从重量看，前一类重而后一类轻。以至顺三年铳和西安出土的铜铳相比，二者重量之比约为 4：1；从口径看，前一类大而后一类小，前一类超过 10 厘米，甚至超过 15 厘米，而后一类仅 2～3 厘米；二者口径之比约为 4.6：1，也就是说前者约为后者的 5 倍；从使用方法看，前一类尾部銎孔粗，銎径以至顺三年铳为例，近 9 厘米，这样粗的銎孔如装以木柄，柄粗也应为 9 厘米左右，而单兵用手握持这样粗的柄是极困难的，何况还要点燃施放，铜铳还要震动，所以该銎孔应是用作安放在木架上起固定作用的。而后一类的柄径不过 3 厘米左右，正适于单兵用手握持施放。同时，从火铳本身的特点看，前一类口径大而铳体短，后一类口径小而铳体长。从以上几方面的分析比较看，它们确实代表了两种不同类型的火器，前一类可以视为古老的火炮；后一类则是供单兵手持使用的射击兵器，可以说是近代枪械的雏形。

综上所述，元代铜火铳已形成较规范的形制，一般都是由身管、药室和尾銎三部分组成。由于以铜铸的管壁能耐较大的膛压，可装填较多的火药和较重的弹丸，又因它使用寿命长，能反复装填发射，故在发明后不久便成为军队的重要兵器装备。

3. 明初火铳

元末明初，火铳已是元军和农民起义军都使用的主要兵器之一。特别是明太祖朱元璋在重新统一中国的战争中，较多地使用了火铳作战，在实战中不断地对火铳进行技术改进，到开国之初的洪武年间，铜火铳的制造达到鼎盛时期，结构更趋合理，形成比较规范的形制，制作数量也大为提高。

观察从北京、河北、内蒙古和山西等地出土的洪武年间制造的铜火铳，可以看出其形制比较规范，大致是前有细长的直体铳管，管口沿外加一道口箍，后接椭圆球状药室，药室前侧加两道、后加一道加固箍。药室的后部为铳尾，向后开有安柄的銎孔，銎孔外口较粗，内底较细，銎口外沿加一道口箍。以河北赤城发现的洪武五年（1372年）铜铳为例，铳长44.2厘米，口内径2.2厘米，口外径3厘米。铳上铭刻为

"骁骑右卫，胜字肆百壹号长铳。筒重贰斤拾贰两。洪武五年八月吉日宝源局造"（见图42）。将它与内蒙古托克托黑城古遗址发现的3件有洪武纪年铭的火铳相比，可以看出它们的外形、结构和尺寸都大致相同。托克托出土的一号铳为洪武十二年（1379年）造，全长44.5厘米，口内径2厘米，重1.9千克，为袁州卫军器局造；二号铳，洪武十年（1377年）造，全长44厘米，口内径2厘米，重2.1千克，为凤阳行府造；三号铳，亦为洪武十年凤阳行府造，全长43.5厘米，口内径2厘米，重2.1千克。4件火铳的铸造地点并不在一地，但形制相同，它们的长度仅相差1～10毫米，内口径相差2毫米，说明当时铜铳的制造相当规范化了。

图42　河北赤城出土的明代火铳

从以上介绍的4件洪武火铳看，其形体细长，重量较轻，应是单兵使用的轻型火器，亦可称手铳。明洪武年间还有一类口径、体积都较大的火铳，也被称为碗口铳，例如现藏中国军事博物馆的1件为洪武五年（1372年）铸造，全长36.5厘米，口径11厘米，重15.75千克。铳身铭文为"水军左卫，进字四十二号，大碗口筒，重二十六斤，洪武五年十二月吉日，宝源局造"。与元代大碗口铳相比，碗口不再向外斜侈而是呈弧曲状，铳管更粗，药室明显增大，接近15厘米。口径增大，铳筒加粗且药室加大，使明代的大碗口铳较元代同类铳装药量更大，装弹量和射程也相应增大。山西省博物馆收藏的洪武十年（1377年）造的3件火铳，管壁厚，装填量大，管长100厘米，口径21厘米，是平阳卫（今山西临汾）铸造的，因为它的射程和杀伤力都超过一般的火铳，可视它为初具规模的火炮。

上述洪武年间制造的手铳和碗口铳两类火铳，正是直接继承了元代火铳的形制发展而成的，轻重有别，由此后来很快发展成枪、炮两个系列。

洪武初年，火铳由各卫所制造，如上述数件火铳就包括袁州卫军器局造和凤阳行府造等，到明成祖朱棣称帝后，为加强中央集权和对武备的控制，将火铳的制造重新改归朝廷统一监制。早在洪武十三年（1380年），明政府就成立了专门制造兵器的军器局，洪武末年又成立了兵仗局，永乐年间的火铳便由这两个局主持制造。永乐时期的火铳制造数量和品种都比洪武时期有了更大的增长，同时提高了质量，改进了结构，使之在战斗中能发挥更大的威力。

从明初开始，军队中普遍装备和使用各式火铳。根据史书记载，洪武十三年（1380年）规定，在各地卫所驻军中，按编制总数的10%装备火铳。洪武二十六年（1393年）规定，在水军每艘海运船上装备碗口铳4门、火枪20支、火攻箭和神机箭20支。到永乐年间，又创立了专门习枪炮的神机营，成为中国最早专用火器的新兵种。明代各地的城关和要隘，也逐步装备了火铳。洪武二十年（1387年），在云南的金齿、楚雄、品甸和澜沧江中道，也配置了火铳加强守备。永乐十年（1412年）和二十年（1422年），明成祖先后令在北京北部的开平、宣府、大同等处城池要塞架设炮架，备以火铳。到了嘉靖年间，北方长城沿线要隘几乎全部构筑了安置盏口铳和碗口铳的防御设施。火铳的大量使用，标志着明代火器的威力已发展到一个较高的水平。但是当时使用的火铳，还存在一些难以克服的缺陷，主要有装填费时，发射速度慢，射击不准等，因此它只能部分地取代冷兵器。所以在明军的装备中，冷兵器仍占重要的地位。

综合上述资料，可以看出元代到明代初期，约半个世纪的时间里，金属火器的制造和使用已经初具规模，表现在以下几点。

第一，实战用的火器已经可以分为大口径的重型火器——火炮和单兵使用的小口径轻型火器——铳，而且火炮中还有专门为野战用的火炮和专供水军用的舰炮——大碗口筒（铳）。

第二，有了由官府控制的专造枪炮的作坊，也有了专门制造枪炮的工匠，同时火器的设计已经规范化，有了全国各地统一的标准。从发现火器上的铭文看，生产的数量也达到了一定的规模，如元至顺三年火铳的编号是"第三百号"，洪武五年火铳的编号是"胜字肆百壹号"，洪武五年水军用火铳的编号是"进字四十二号"等。这都说明当时的枪炮已是成批生产的。

因此可以说，在 14 世纪，中国古代火器的生产水平居于世界首位，取得了辉煌的成就。但是自此以后，火器的生产也一直停留在原来的水平上，没有什么进展。1962 年，在吉林永吉乌拉古城址曾获得一支万历年间铸造的铜火铳，铳上铭文为"万历癸未六月日。胜字，五斤二两。匠检加。药七戋，中丸则八，小丸则十"。铭文中的万历癸未为万历十一年，即 1583 年，已是十六世纪后半叶的产品了，上距洪武年间的铜火铳，已经度过了一个半世纪漫长的时光，但是万历火铳与洪武火铳相比，基本形制相同，制作技术没有什么进步，仅只火铳的前膛尺寸加长，药室由球状改为长筒状而已。火器这种长期停滞的状况，使得本来是发明火药和开始制造金属枪炮的中国，在世界兵器领域渐渐变成落伍者了。

本来在 11 世纪时，各种火药兵器在中国的战场上轰鸣燃烧的时候，西方还不知道有关火药的知识。后来经过阿拉伯人才把火药和火药兵器传入欧洲，恩格斯说："在十四世纪初，火药从阿拉伯人那里传入西欧，它使整个作战方法发生了变革，这是每一个小学生都知道的。但是火药和火器的采用决不是一种暴力行为，而是一种工业的，也就是经济的进步。"于是，在资本主义向封建主义的冲击中，火器发挥了作用，"以前一直攻不破的贵族城堡的石墙抵不住市民的大炮；市民的枪弹射穿了骑士的盔甲。贵族的统治跟穿铠甲的贵族骑兵队同归于尽了。"在欧洲各国，随着工业技术的发展，新的精锐的火炮制造出来了，威力日益提高,当新式的枪炮随着远洋的船队来到中国的海港时,明朝的官员大为吃惊,于是开始建议政府仿制,以装备明代军队,当时由欧洲引进的新式枪炮有佛郎机、红夷炮和鸟铳等。

佛郎机、红夷炮和鸟铳

元末至明初中国制作的火铳在当时世界兵器领域曾处于绝对领先的地位。但是到明代中期以后,由于长期陷于发展迟缓状态的中国封建经济,以及明政府的禁海锁国政策,使得中国发展金属管形射击兵器的势头停滞下来。而西方的火枪、火炮的制造技术却得到较快的发展,当火药兵器传入欧洲以后,资本主义新型生产关系的兴起,更促进了枪炮的改进和扩大了它的生产。到明朝中叶,发明制造火铳的中国人不得不从国外舶来品中汲取养分,去仿制西方比火铳更先进的"佛郎机"、"红夷炮",以及单兵使用的鸟铳。

佛朗机是明朝人对葡萄牙和西班牙人的称呼,由此也用来称呼那些国家制作的一种新型火炮。这种火炮与中国传统的火铳相比,在构造上有了根本性的改进,主要有以下几点:第一,采用了母铳和子铳的结构。母铳就是佛郎机的炮筒,在其后膛开一个供装纳子铳的长孔,一门母铳配备有5~9门子铳。子铳类似一门小火铳,可以预先装填弹药,战时轮流装入母铳,从而缩短了装填弹药的时间,因而提高了发射速度。第二,母铳的铳管口径不大,但铳身较长,可以增加弹丸射出的初速,加大射程,加之铳身铸有准星和照门,可以瞄准射击,又提高了射击的精确度。第三,铳身的中部加铸耳轴,这样将火铳架设于炮架上,便于从上下左右调整射击的角度,提高了火铳的命中率和杀伤半径。有的佛郎机在尾部安有导向管和尾柄,通过插销可将炮身安装在炮架上,控制导向管和尾柄,扩大射击范围。第四,不再使用散弹,而是使用同于口径的圆铅弹,圆铅弹可以铸得很规整,从而减少了铳膛之间的间隙,提高了弹丸的初速和冲击力。由于佛郎机具有以上的特点,明正德十四年(1519年)王守仁写了一篇《书佛郎机遗事》,这是中国文献最早名葡萄牙火炮为"佛郎机(铳)"的记载。据《筹海图编》记载,明正德十二年(1517年),葡萄牙人献给广东政府一架火炮和火药方是为佛郎机最早传入中国的时间。因此当佛郎机传到中国以后,很快受到明朝政府的重视,并大量仿制。

关于佛郎机传入中国的历史,嘉靖元年(1522年),葡萄牙军队派出五艘武装舰船驶至广东珠江口外,企图以武力占据广东一岛屿。遭到拒绝之后,葡舰随即开炮轰击守军。当葡舰侵入广东新会西草湾时,被当地守军击败,并缴获其2艘舰船和船上的20余门火炮。当地政府将俘获的这些火炮献给了明朝政府,也按其国名将这些火炮称为"佛郎机",同时还上书朝廷,建议仿制佛郎机,以改善明军武备。明世宗批准了这一奏议。嘉靖二年(1523年),原担任过广东白沙巡检,与葡萄牙人有过多次接触,熟知佛朗机性能的明朝地方官员何儒，带领有着丰富经验的广东工匠奉诏到南京，在当时设备精良的火器制造处操江衙门开始了仿制佛郎机。嘉靖三年（1524年），第一批32门大样佛朗机仿制成功。《大明会典·火器》中详细记载了这批佛郎机的情况，它们全部用黄铜铸造，每件重约300斤，母铳长2.85尺，另配4个子铳，可以分别装填火药，轮流发射。这是中国仿制的第一批佛郎机，但无实物存世，故其具体形制不详，但从尺寸看，并不像以后制造的长身管的佛郎机，而是一种短而粗的火炮。以后明朝又陆续仿制了数量更大，形制更多的各式佛郎机，以装备北方及沿海军队，从而增强了守边明军的战斗力。

　　明朝仿制佛郎机的机构主要是军器局和兵仗局，他们在组织工匠仿制的过程中，除了保留和吸收国外佛郎机的优点外，还作了许多新的革新和改进，使它更适于明军在各种条件下实战的需要。《明会典》和戚继光所著《纪效新书》、《练兵实纪》等书中，都记载有明朝仿制佛郎机的情况。据《明会典》记载，仿制的佛郎机有大样、中样、小样三种。前面提到嘉靖二年生产的第一批重约300斤的佛郎机，就属于大样佛郎机。出土实物中还发现5件中样佛郎机，长29.3~29.5厘米，口径2.6~2.7厘米，明显是按照统一的规格制造的，精密程度已相当高。小样佛郎机的制品较多，出土的实物也不少。1984年，河北抚宁城子峪长城敌楼内发现小样佛郎机的3件母铳和24件子铳，可以组成3套完整的佛朗机子母铳。从铳身铭文中得知，它们是嘉靖二十四年（1545年）按照统一的标准和规格制造的，于隆庆四年（1570年），运至城子峪段长城，供守城兵士使用。

由于佛郎机铳的口径较小，威力有限，所以明代万历后期开始引进西方一种性能更优良的大型火炮，即红夷炮。这种炮来自荷兰，因明代人称荷兰人为"红夷"，所以称这种炮为"红夷炮"。《明史·兵志》记："大西洋船至，复得巨炮，曰红夷。长二丈余，重者三千斤，能洞裂石城，震数十里。"万历末年（约17世纪初），有荷兰船沉于广东沿海，其中42门炮被捞起，先后运至北京，因比先前传入的佛郎机性能好，威力大，故引起明政府的注意。而真正把制炮技术传给中国的是利玛窦、汤若望等耶稣会传教士。红夷炮设计科学，不仅口径较大，而且它的炮管长度是其口径的20倍或者20倍以上，故射程远、准确、破坏力大。又由于炮管的管壁加厚，药室火孔处的壁厚约等于口径，炮口处的壁厚约等于口径的一半，故可以承受较大的膛压。炮身的中部铸有炮耳，炮身上装有准星、照门，可以调整射击角度。火炮架设在炮车上，增加了火炮的机动性。为了确定射击角度，还使用了铳规等测量仪器。这种火炮能容纳火药数升，并可以碎铁碎铅，堵以与口径吻合的圆形主弹，除主弹对准所要目标，起攻坚作用外，其散弹则加强对周围目标的杀伤力，是当时威力最大的火炮。曾由徐光启等督造红夷炮，崇祯二年至三年（1629～1630年），即造大小红夷炮400余门，两广总督王尊德也利用广东的技术优势制造了大中型红夷炮 500 门。山西省博物馆现存有 2 门山西总督卢象升等人捐助建造于崇祯十一年（1638 年）的红夷铁炮，身管长 190 厘米，口径 8 厘米，除铸有卢象升等人的姓名外，还有铭文："红夷大炮一位重五百斤，装放用药一斤四两，封口铁子一个重一斤，群子九个。"

中国明代后期将火绳枪和燧发枪统称为鸟铳。嘉靖年间，西方发明的火绳枪经日本传到中国。与明代前期使用的火铳相比，鸟铳具有两大优点：一是身管较长，口径较小，发射与口径吻合的圆铅弹，因而射程较远，威力较强；二是它增设了准星和照门，变手点发火为枪机发火，枪柄由插在手铳尾銎内的直形木柄改为托住铳管的曲形木托，可稳定地持枪进行瞄准，因而射击精度较好。戚继光《练兵实记杂集》说："即飞鸟在林，皆可射落，因是得名。"又因其枪机头形似鸟嘴，故又名鸟嘴铳。它的结构和外形已接近近代步枪，是近代步枪的雏形。

约在 15 世纪初，欧洲发明了火绳枪。据《筹海图编》记载，明嘉靖二十七年（1548 年），明军收复日人、葡人占据的双屿（在今浙江省鄞县东南海中），获鸟铳及善制鸟铳的工匠，遂命仿制（见图 43）。约在同时，鲁迷国（今土耳其）遣使至中国，贡"鲁迷铳"。明代最初仿制的鸟铳均为前装、滑膛、火绳枪机。口径约为 9～13 毫米，枪管长 1～1.5 米，全枪长 1.3～2 米，枪重 2～4 千克，弹重 11 克，射程为 150～200 米。铳管用铁制，底部有火孔与火药池（盛引火

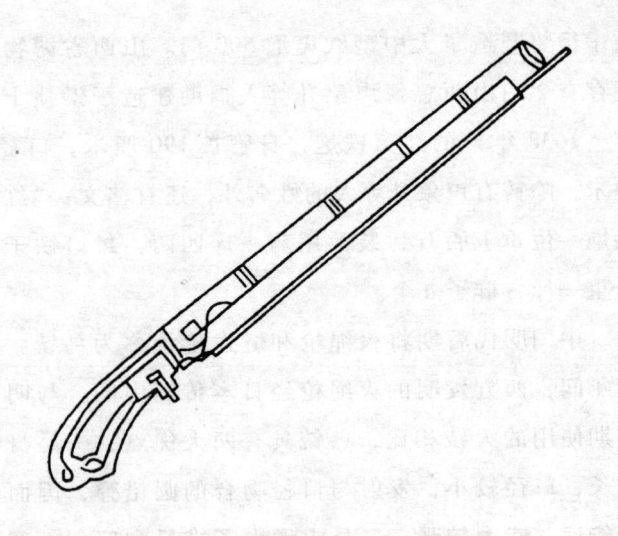

图 43 《筹海图编》中的鸟嘴铳图

药)相连,池上覆有铜盖遮挡风雨,搠杖(通条)插在铳管下面的木托上,用以填药送弹。铳管底部以螺栓封固,便于取开擦洗铳管。每名鸟铳手配备火药罐 2 个(装发射药、引火药各 1 个)、铅弹 300 发,每发射一次,要经过装发射药、用搠杖捣实药、装铅弹、捣实铅弹、开火门盖、下引火药、举枪瞄准射击等一系列繁杂的动作,发射速度慢,故作战时多成 3~5 排横队,轮流装填和举放,以保持火力不中断。由于前装弹药的限制,发射时一般取立姿或跪姿。这时鸟铳的发射药已使用粒状火药,其成分为硝一两、磺一钱四分、柳炭一钱八分,这已接近于黑火药的最佳配比。由于鸟铳装填弹药费时,射速较慢,万历二十六年(1598 年),赵士桢为提高鸟铳的射速,参酌佛郎机铳制成了装有子铳的"掣电铳",参酌三眼铳制成有 5 支枪管的"迅雷铳",可轮流发射。崇祯八年(1635年),毕懋康著《军器图说》载有"自生火铳",改火绳枪机为燧发枪机,提高了鸟铳点火机构的防风雨能力,这也是中国见于著述最早的燧发枪。崇祯十六年(1643年),焦勖辑《火攻挈要》,首次记述制造铳筒"先要算定前后厚薄比例之数",对鸟铳的制造作了一些理论上的探讨。据《满洲实录》的附图所绘,在明末与金军的战争中,明军使用的鸟铳多附有一叉,射击时用以支撑,避免了瞄准时的晃动。鸟铳的传入引起了明军装备的重大变化,很快成为明军的主要轻型火器之一。《明会典》记载,嘉靖三十七年(1558年),一年中即造鸟嘴铳 1 万支。

在明代火炮发展的同时,明军还保留了一些中国传统的火炮,这些火炮形制较多,基本保留了中国火炮的两个传统特点:一是多加强箍,有的箍很密;二是无炮耳。其中最著名的是大将军炮,它是明代中期制造的大型火炮。现存山海关城楼上陈列的 1 门保存完整的铁质大将军炮,长 143 厘米,口径 10 厘米,炮身无铭文。日本现存万历二十年(公元 1592 年)制造的 3 门大将军炮,其中冬日制造的 1 门铁质大将军炮具有代表性,炮长 143 厘米,壁厚 4.4 厘米,自炮口至炮尾共有九周箍,炮身的前后多有一道环,从炮口向后数,,在第九周箍处有炮耳伸出,药室呈算盘珠形,室壁有火门,炮身刻有 6 处铭文,其中第一周箍上刻有"皇图巩固"4 个字;第二周箍上刻有"天字壹佰叁拾五号大将军"11个字;第八周箍上刻有"监造通判孙兴贤"7个字;第九周箍上刻有"贰贯目王"4个字;药室剖刻有"万历壬辰孟冬吉日兵部委官千总杭州陈云鸿造"20个字;尾部刻有"教师陈胡铁匠列淮"8个字。另外两门大将军炮的形制构造基本相同,只是尺寸略有差异。这3门大将军炮分别为万历二十年(1592年)的5个、6个、13个月制造的,从最大到最小的序号可以看出5～10月至少制造了110门大将军炮,证实当时军工制造火炮力量的雄厚。古人曾说,大将军炮在发射后使人"迅雷不及掩耳,其威莫测,而其最神"。工部尚书叶罗熊曾说:"塞上火器之大,莫过于大将军。"大将军炮有大、中、小三种规格,分别发射7斤、3斤和1斤的铅弹,若在边垂布配千万门大将军炮,将可无敌于天下。除此之外,明朝还制造了各种大型火炮,其中有威远炮、攻戎炮、灭房炮、百子连珠炮、千子雷炮等。威远炮是由大将军炮击箍减重改成的,便于机动,药室的部位也加厚了,以加强抗压能力,炮口安有准星,尾部设有照门,提高了命中率。威远炮有大小两种规格,大铅弹重3斤6两,小弹重6钱。威远炮距目标千里以外瞄准,其射程远近由炮口下垫高度的不同而增减。它既可以用于平陆旷野杀伤大面积的敌军,又可用于进攻山隘险要,是一种多用途的大型火炮。攻戎炮是安装在一辆双轮炮车上的炮,炮车上安置一个车箱,车箱用榆槐木挖成,攻戎炮嵌置于车箱内,加铁箍五周。车箱两侧各有两个铁锚,发射时将铁锚放在地上,用土压实,以消减后坐力。攻戎炮或用马拖，或用骆驼驮载，随军攻城，机动性强。灭虏炮，炮管用铁制造，长60厘米，口径9厘米，发射1斤重的铅弹，有五周箍，多用于轰击敌方的堡垒，行军中，用灭虏车载行，是当时较轻便的一种炮。百子连珠炮，炮管用铜铸，长120厘米，炮管的前部管壁开有一孔，通过孔口可安一个装弹嘴，从装弹嘴一次能向管内装填上百枚弹丸，而后将火炮安在木架上，用炮管后尾部的尾轴调整俯仰和水平射角并连续发射。千子雷炮，炮管用铜制造，长54厘米，口径2厘米，内装3克火药，用杵压实，而后加细土1克，经微压后再装火药和铁制弹丸，炮身用铁箍扣于四轮车上，车前端安一块隔板以遮蔽炮身，使敌人不易察觉，待抵近敌军后进行发射，发射时去掉隔板，突然射击，给敌人重大的攻击。这些大型车载火炮，便于机动，炮手既可推拉炮车，又可临敌发射，准确掌握战机，从而提高了火炮在作战中的地位和作用。

由于先后引进西方的火炮，明朝的军队开始较多地装备了火器，根据抗倭名将戚继光在隆庆年间总理蓟州等镇练兵时写的《练兵实纪》一书，可知当时部队的标准装备有盔甲、臂手、钩枪、镋把、夹刀、鸭嘴棍、大棒、长刀、藤木牌、狼筅、腰刀、大将军、虎蹲炮、快枪、鸟铳、提砲、皮篓、锣锅、锣鼓旗、狼机和围幔。其中冷兵器和火器相比，火器所占比重相当大，当时车营和步营所装备的情况见表1和表2。

总编制人员：3109名，其中战斗人员：2048名。

表1 明代戚继光车营兵器配备情况

类别	人员配备	占战斗人员百分比	兵器配备
火器手	佛郎机手 768名（每门3名）	37.5%	佛郎机 256门（每门配子铳9门）
	鸟铳手 512名	25%	鸟铳 512杆 兼配长刀 512把
	合计 1280名	62.5%	
冷兵器手	藤牌手 256名	12.5%	藤牌 256面 兼配火箭 7680支
	镋钯手 256名	12.5%	镋钯 256把 兼配火箭 7680支
	大棒手 256名	12.5%	大棒 768根
	合计 768名	37.5%	

表2 明代戚继光步营兵器配备情况

类别	人员配备	占战斗人员百分比	兵器配备
火器手	鸟铳手 1080名	50%	鸟铳 1080杆 兼配长刀 1080把
冷兵器手	藤牌手 216名	10%	藤牌 216面 腰刀 216把
	狼筅手 216名	10%	狼筅 216根
	长枪手 216名	10%	长枪 216杆 弓 216张 大火箭 216支
	镋钯手 216名	10%	镋钯 216把 兼配火箭 6480支
	大棒手 216名	10%	大棒 324根
	合计 1080名	50%	

总编制人员2699名，其中战斗人员2160名。

上述两表列出明代戚继光编练车营、步营配备火器的情况。当时使用火器的士兵已占战斗兵员总数的一半左右。其中车营是专门装备火炮的部队，已经达到每8名战斗兵员装备一门佛郎机铳的高比例。戚继光在编练步兵营时，注重火器同冷兵器相结合以及兵器配置要以长护短，以短卫长的原则。戚继光将使用火器和使用冷兵器的士兵分编，分为火器手队和冷兵器手队，前者以火力杀敌，后者重在肉搏杀敌。火器队每队步军12名，除队长和火夫各1名外，余10名都是鸟铳手，他们的装备是"每名长刀一把，鸟铳一门，棚杖一根，锡鳖一个，铳套一个，铅子袋一个，药管三十个。备征火药每出三钱，备三百出，另备药六两，共六斤。铅子三百个。火绳五根"。全营共有鸟铳1080门，备火药4320斤，铅子21万6千个。由于佛郎机较重，所以这时又发展了偏相战车，每车架2骡，装置大佛郎机2架，并配备鸟铳4门。戚继光的《练兵实纪》中记载了车营、步营、骑营和辎重营中各级的编制装备，以及训练士兵使用佛郎机、鸟铳和冷兵器进行作战的要求，反映了他以新式枪炮同冷兵器相结合的战术思想，也集中反映了中国当时兵器制造与使用的水平。

明代在枪炮制造获得重要发展的同时，其他种类的火器也有不同程度的进步。这在明代后期的《兵录》、《武备志》、《金汤借箸十二筹》等兵书中，得到了充分的反映。仅《武备志》就记载了火药、火炮、火铳、火箭、火牌、喷筒、火球、火砖、火器战车、水战火器、地雷等类火器共200多种，并绘有大量图片。在火药配制方面，明代后期吸收外来火药配方的特点，制成了更适合新式枪炮使用的发射火药，还配制了各种专用的火药，如引药、炸药、信号药、发烟药、致毒药等，丰富了宋元以来的火药品种。在喷筒和抛射火器方面，提高了燃烧、致毒、发烟、遮障等作战功能。利用火药燃气反作用力推进的火箭技术，得到较快的发展，其制品有单级箭、二级火箭、多发齐射火箭、有翼火箭等。茅元仪《武备志》中有火箭的图像，是在箭杆靠近箭镞的前半部分加附有一个装有火药的圆筒，形似我国各地年节时玩的"起火"，它是利用由化学热能转换为机械能的原理，即通过生成的定量的火药燃气流以高速度从高压向低压喷射时所产生的反作用力来推动箭体前进。国家博物馆在1959年时曾根据《武备志》的记载制成模型，并进行实验，用1两5钱火药，射角定在45度，点燃后火箭射程可达150~200米。前引戚继光《练兵实纪》中的记载，火箭是当时部队中主要的远射兵器之一，在车营和步营中装备的火箭多达12000~15000余支。值得注意的是在《武备志》中还有一种雏形的两级火箭，即用于水战的"火龙出水"。它的构造是用4个大火箭把一个竹木制造的龙形筒发射出去，可飞二、三里远。等火箭筒中的药燃烧完后，再引发龙形筒腹内的神机火箭，也就是第二级火箭，然后射向敌舰，使其"人船俱焚"。但是它或许只是试行设计的一种新兵器，还没有看到有在实战中使用它的战例。在爆炸性火器方面，有炸弹类、地雷类、水雷类共十几种，一般用于投掷、事先埋设或沉放于水陆通衢，其引爆方式除直接点火外，已发展为拉发、绊发、触发或机械式钢轮发火。这些火器都以各自的特点，在作战中同枪炮一起发挥杀伤和破坏作用。

火炮由西方传入中国，促进了明朝后期火炮技术的发展，改善了军队的装备。据《练兵实纪杂集》记载，戚继光的车营装备佛郎机铳256门，辎重营装备佛郎机160门。佛郎机在明朝北部防御要地甘肃、宁夏、大同、宣府各镇长城关口要隘发挥了巨大的作用。天启六年（1626年）袁崇焕以红夷炮固守宁远（今辽宁兴城），击退后金部队的多次进攻，后金太祖努尔哈赤就在这次战役中被红夷炮击成重伤，不久死去。这是利用红夷炮威力取胜的著名战例。

5 无敌大将军

明代末年，正当农民起义军连战连捷之时，在中国东北崛起的满洲贵族在关外建立了清帝国，势力日益强大。1644年，清军乘李自成起义军刚刚推翻明王朝，立足未稳之机举兵入关，占领北京，并将北京定为国都，随后又统一了中国。清代初期，随着社会经济的恢复和战争的需要，军事工业曾有一度发展，制造了不少火器，冷兵器也很精良。清军由过去不会使用火器到大量装备火器，逐渐达到了明军的装备水平，并对火器也有了一些改进和发展。康熙时无论是在火器的制造规模、品种数量，还是在火器的性能、制造工艺等方面都达到了高峰。到清朝中期以后，清政府日益腐败，社会生产力停滞不前，加之战事渐少，保守思想日益严重，兵器的发展渐趋停顿。清统治者仍保守地主张"骑射乃满洲之根本"，并不重视火器的研究制造。同时为了维护其统治，又严禁民间私藏、制造和使用火器，对汉军装备的兵器有严格的限制，各省绿营兵，只能使用陈旧低劣的兵器，稍精良的一概掌握在满蒙八旗兵手中。生产的火器质量低劣，不堪使用，更谈不上创新和发展。清朝制造兵器的工业，在努尔哈赤时期（后金），只能造刀矛弓矢，皇太极嗣位之后，因努尔哈赤攻宁远时被红夷炮打成重伤，便力图制造火器，他召请汉人工匠，于后金天聪五年（1631年）铸红衣大炮（清人因避讳，将"夷"改为"衣"），这是清军自制火器的开始。统一全国后，清朝沿袭明代造兵制度，区分为中央制造和地方制造，中央制造火器的工厂，在顺治初年设有八旗炮厂和造火药的濯灵厂。康熙时设立的三个造枪炮的厂局，一设于宫庭内的养心殿，造出的枪炮，称为御制，专供皇室和满洲八旗之用；二设于景山，称为"厂制"；三设于铁匠营，制造铁炮，质量较差，供汉军之用，称为"局制"。地方制造，是由各省督抚按需要报请兵部、工部批准后就地设厂自制，一般只能造冷兵器、火药、鸟枪和普通轻型火炮。被清政府认为精良的火器，是不准外地制造的。火器的产量，以康熙时为最多。据

《清朝文献通考》记载，1674～1721年清中央政府所造大小铜铁炮约900门。濯灵厂每年生产火药50余万斤。嘉庆以后，中央基本停造火器，用于对各地人民起义军作战的兵器，一般由各省自主就地制造。

清代火器，主要是各种火炮和鸟枪。清代火炮的名称很多，乾隆时《钦定工部则例》列有火炮85种。清代火炮基本沿袭明朝火炮，从性能和构造上看没有什么大的变化和发展，均系滑膛火炮，发射铅弹和铁弹，火绳点火。炮筒一般用铜或铁铸造，也有铁心铜体，铜心木镶炮。中部置耳轴，用以支撑、平衡炮体和调整射击角度，前有准星，中部或尾部安照门，供射击瞄准。火门开在炮膛底部，大多火炮配有炮车、炮架，下设轮，便于运载及施放。火炮型制有三大类：第一类为红衣炮型，为重型火炮，类似近代加农炮，数量最多。现藏国家博物馆的神威大将军炮就是红衣炮型，铁心铜体，全长2.64米，口径13厘米，铁心壁厚3.5厘米，铭满、汉文"神威大将军，大清崇德八年十二□月□日造　重三千七百斤"（见图44-①）。1975年，在黑龙江齐齐哈尔市发现神威无敌大将军炮，全长2.48米，口径11厘米，重1000千克，铭满、汉文"大清康熙十五年三月二日造神威无敌大将军"，膛内遗一实心铁弹，直径约9厘米，重2.7千克。第二类为子母炮型，即仿明代的佛郎机炮，利用子炮从后膛装填，是轻型火炮。如现藏北京故宫博物院的子母炮及炮图，为康熙年间制造，铸铁，母炮全长1.84米，口径3.2厘米，后腹开口以纳子炮。《清会典图·武备》记："子母炮皆铸铁，前弇后丰，底如复笠，其一重九十五斤，长五尺三寸……子炮五如管，连火门各重八斤，受药二两二钱，铁子五两，炮两面开孔与子炮相称，用时内之，固以铁钮，遂发之相续而速，载以四轮车如登形"（见图44-②）。第三类为大口径短管炮型，类似近代的臼炮，是中型火炮。如现陈列于广东广州越秀公园的新式大铁炮，制造于1882年，全长3.5米，口径18厘米，有膛线，炮后部特粗。铭文有"光绪壬戌年造□江南制造总局第十九

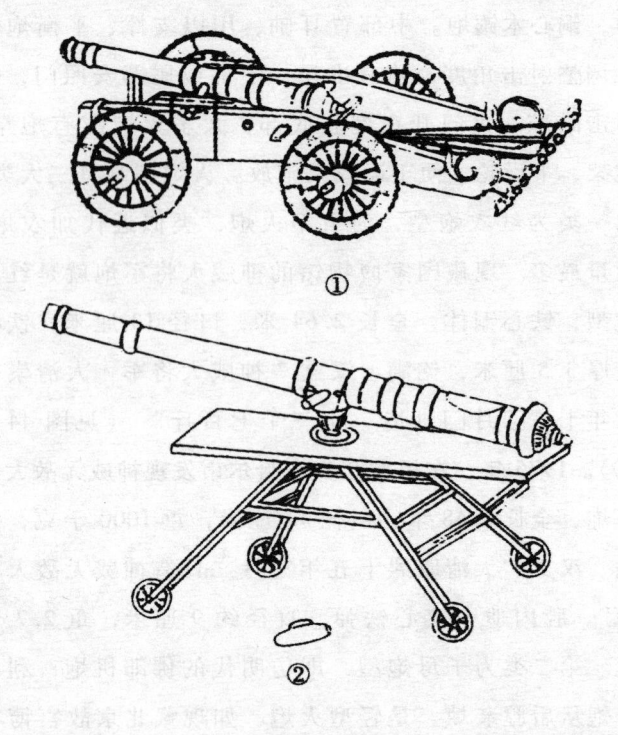

图44 炮图

①神威大将军炮 ②子母炮

尊"。炮弹仍为圆弹，有实心弹和空心爆炸弹两种，装填时常需缠裹棉布，密封炮膛，以保证发射时火药燃气不外泄。每门火炮都配备有相应的辅助器械，计有：炮子挡、朝天镫（仰瓦形铁杵，承火炮耳轴）、提钩（用于子炮的进、退膛）、炮架、穿钉、炮星、炮刷、火药葫芦、春火药棍、门盖、火绳、拧子、刮子锤、木锉、钳子、木榔头、炮衣、炮罩、龙油袱、素油袱、支杆等，这些附件主要是安排、稳定炮位，盛放、装填炮弹，包装、施放火药和苫盖、保养火炮时使用。

清代将鸟铳改称鸟枪，自清初（17世纪中叶）至19世纪中叶，清军装备的轻火器主要是鸟枪。清军的鸟枪仍为前装，滑膛，火绳枪机，燧发枪虽然也有制造，但始终未能取代火绳枪。康熙年间，戴梓制成的"连珠铳"，可交替扣动两个扳机，连续发射28发弹丸，提高了鸟枪的射速。嘉庆年间出现直膛线鸟枪，是为了在前装枪弹时，减少枪弹与枪膛的摩擦，提高装弹速度，但要将弹丸包上一层毛织物或麻布，用以填充膛线所造成的空隙，防止击发时火药气体泄漏。嘉庆年间还出现了使用火帽的击发装置，进一步提高了发射速度和可靠性。道光年间，西方将后装击针式步枪传到中国，鸟枪遂被淘汰。北京故宫博物院收藏的康熙御制自来火二号枪，全长135厘米，枪筒长90.3厘米，叉长48厘米，口径11毫米。采用转轮式燧发枪机，发射时用钥匙上满轮弦，扣扳机，机轮转与火石迅速摩擦生火。故宫博物院收藏了许多清代皇帝御制的鸟枪，多是康熙、乾隆皇帝围猎用枪，造型奇特，制作精美。

清军火器的装备状况，大致与明末相同。康熙三十年（1691年），在满蒙八旗中设立火器营，抽调5000多人专门训练使用鸟枪。雍正五年至十年（1727～1732年），先后规定绿营兵的火器装备，其中鸟枪兵一般占40%～50%，炮兵约占10%，两者共占60%左右。

在清朝初年，不论是入主中原统一全国的战争，还是对边陲平叛的战争，清军的军事优势均极为明显，军中火器也处于优势地位，所以每战必胜。就是康熙二十四年（1685年）、二十五年（1686年）中俄雅克萨之战，清军的作战对象只是远离欧洲大后方的少量俄军，而且俄国与当时欧洲各国比较是军事装备颇为落后的，而驻扎远东的俄军装备更较为陈旧落后。清军一方则进行了充分准备，举国之精锐，所以获得胜利。总之，清初的对内对外战争，并未遇强敌，在火器使用方面一直处于优势地位，这更促使清政府毫无忧患意识，产生了严重的保守思想，而且政治腐败，根本不再重视火器的发展，也很少再制造和创制火器，使明代学习西方再变复兴中国火器的势头完全冷却下来。在此期间，欧洲的火器科学技术，在伴随着近代自然科学理论和实验方法新突破的基础上，有了极大的进展。但是由于清朝实行闭关锁国政策，欧洲在近代自然科学理论指导下的火器科学技术难以传入中国，致使中国火器的发展远远落后于西方。落后就要挨打，当1840年第一次鸦片战争爆发时，清军只能用旧式的清初已定型的火器和刀矛弓矢，去抵御英国侵略军的坚船利炮，在敌人优势的炮火下一败涂地，致使国家逐渐沦为半殖民地的悲惨境地。

鸦片战争后，清政府不得不改变政策，先是输入了西洋先进的枪炮，继而兴办洋务，引进西方先进技术，设厂制造，从此开始以近代的新式枪炮，取代了军中的旧式火器和冷兵器，从而结束了中国兵器史上的火器与冷兵器并用时代，这也标志着中国古代兵器历史阶段的最终结束。

参考书目

1. 《中国军事百科全书·古代兵器分册》，军事科学出版社，1991。
2. 《中国大百科全书·军事》，中国大百科全书出版社，1989。
3. 杨泓：《中国古兵器论丛（增订本）》，文物出版社，1985。
4. 成东、钟少异：《中国古代兵器图集》，解放军出版社，1990。
5. 王兆春：《中国火器史》，军事科学出版社，1991。
6. 北京钢铁学院《中国古代冶金》编写组《中国古代冶金》，文物出版社，1978。
7. 《中国军事史》编写组《中国军事史》第一卷《兵器》，解放军出版社，1983。
8. 李少一、刘旭：《干戈春秋——中国古兵器科技史话》，中国展望出版社，1985。
9. 周纬：《中国兵器史稿》，三联书店，1957。
10. 杨泓、于炳文、李力：《中国古代兵器与兵书》，新华出版社，1992。

《中国史话》总目录

系列名	序号	书名	作者	
物质文明系列（10种）	1	农业科技史话	李根蟠	
	2	水利史话	郭松义	
	3	蚕桑丝绸史话	刘克祥	
	4	棉麻纺织史话	刘克祥	
	5	火器史话	王育成	
	6	造纸史话	张大伟	曹江红
	7	印刷史话	罗仲辉	
	8	矿冶史话	唐际根	
	9	医学史话	朱建平	黄 健
	10	计量史话	关增建	
物化历史系列（28种）	11	长江史话	卫家雄	华林甫
	12	黄河史话	辛德勇	
	13	运河史话	付崇兰	
	14	长城史话	叶小燕	
	15	城市史话	付崇兰	
	16	七大古都史话	李遇春	陈良伟
	17	民居建筑史话	白云翔	
	18	宫殿建筑史话	杨鸿勋	
	19	故宫史话	姜舜源	
	20	园林史话	杨鸿勋	
	21	圆明园史话	吴伯娅	
	22	石窟寺史话	常 青	
	23	古塔史话	刘祚臣	
	24	寺观史话	陈可畏	

187

系列名	序号	书名	作者	
物化历史系列（28种）	25	陵寝史话	刘庆柱	李毓芳
	26	敦煌史话	杨宝玉	
	27	孔庙史话	曲英杰	
	28	甲骨文史话	张利军	
	29	金文史话	杜 勇	周宝宏
	30	石器史话	李宗山	
	31	石刻史话	赵 超	
	32	古玉史话	卢兆荫	
	33	青铜器史话	曹淑琴	殷玮璋
	34	简牍史话	王子今	赵宠亮
	35	陶瓷史话	谢端琚	马文宽
	36	玻璃器史话	安家瑶	
	37	家具史话	李宗山	
	38	文房四宝史话	李雪梅	安久亮
制度、名物与史事沿革系列（20种）	39	中国早期国家史话	王 和	
	40	中华民族史话	陈琳国	陈 群
	41	官制史话	谢保成	
	42	宰相史话	刘晖春	
	43	监察史话	王 正	
	44	科举史话	李尚英	
	45	状元史话	宋元强	
	46	学校史话	樊克政	
	47	书院史话	樊克政	
	48	赋役制度史话	徐东升	

系列名	序号	书名	作者		
制度、名物与史事沿革系列（20种）	49	军制史话	刘昭祥	王晓卫	
	50	兵器史话	杨毅	杨泓	
	51	名战史话	黄朴民		
	52	屯田史话	张印栋		
	53	商业史话	吴慧		
	54	货币史话	刘精诚	李祖德	
	55	宫廷政治史话	任士英		
	56	变法史话	王子今		
	57	和亲史话	宋超		
	58	海疆开发史话	安京		
交通与交流系列（13种）	59	丝绸之路史话	孟凡人		
	60	海上丝路史话	杜瑜		
	61	漕运史话	江太新	苏金玉	
	62	驿道史话	王子今		
	63	旅行史话	黄石林		
	64	航海史话	王杰	李宝民	王莉
	65	交通工具史话	郑若葵		
	66	中西交流史话	张国刚		
	67	满汉文化交流史话	定宜庄		
	68	汉藏文化交流史话	刘忠		
	69	蒙藏文化交流史话	丁守璞	杨恩洪	
	70	中日文化交流史话	冯佐哲		
	71	中国阿拉伯文化交流史话	宋岘		

系列名	序号	书名	作者
思想学术系列（21种）	72	文明起源史话	杜金鹏 焦天龙
	73	汉字史话	郭小武
	74	天文学史话	冯 时
	75	地理学史话	杜 瑜
	76	儒家史话	孙开泰
	77	法家史话	孙开泰
	78	兵家史话	王晓卫
	79	玄学史话	张齐明
	80	道教史话	王 卡
	81	佛教史话	魏道儒
	82	中国基督教史话	王美秀
	83	民间信仰史话	侯 杰
	84	训诂学史话	周信炎
	85	帛书史话	陈松长
	86	四书五经史话	黄鸿春
	87	史学史话	谢保成
	88	哲学史话	谷 方
	89	方志史话	卫家雄
	90	考古学史话	朱乃诚
	91	物理学史话	王 冰
	92	地图史话	朱玲玲

系列名	序号	书名	作者
文学艺术系列（8种）	93	书法史话	朱守道
	94	绘画史话	李福顺
	95	诗歌史话	陶文鹏
	96	散文史话	郑永晓
	97	音韵史话	张惠英
	98	戏曲史话	王卫民
	99	小说史话	周中明 吴家荣
	100	杂技史话	崔乐泉
社会风俗系列（13种）	101	宗族史话	冯尔康 阎爱民
	102	家庭史话	张国刚
	103	婚姻史话	张 涛 项永琴
	104	礼俗史话	王贵民
	105	节俗史话	韩养民 郭兴文
	106	饮食史话	王仁湘
	107	饮茶史话	王仁湘 杨焕新
	108	饮酒史话	袁立泽
	109	服饰史话	赵连赏
	110	体育史话	崔乐泉
	111	养生史话	罗时铭
	112	收藏史话	李雪梅
	113	丧葬史话	张捷夫

系列名	序号	书名	作者	
近代政治史系列（28种）	114	鸦片战争史话	朱谐汉	
	115	太平天国史话	张远鹏	
	116	洋务运动史话	丁贤俊	
	117	甲午战争史话	寇 伟	
	118	戊戌维新运动史话	刘悦斌	
	119	义和团史话	卞修跃	
	120	辛亥革命史话	张海鹏	邓红洲
	121	五四运动史话	常丕军	
	122	北洋政府史话	潘 荣	魏又行
	123	国民政府史话	郑则民	
	124	十年内战史话	贾 维	
	125	中华苏维埃史话	杨丽琼	刘 强
	126	西安事变史话	李义彬	
	127	抗日战争史话	荣维木	
	128	陕甘宁边区政府史话	刘东社	刘全娥
	129	解放战争史话	朱宗震	汪朝光
	130	革命根据地史话	马洪武	王明生
	131	中国人民解放军史话	荣维木	
	132	宪政史话	徐辉琪	付建成
	133	工人运动史话	唐玉良	高爱娣
	134	农民运动史话	方之光	龚 云
	135	青年运动史话	郭贵儒	
	136	妇女运动史话	刘 红	刘光永
	137	土地改革史话	董志凯	陈廷煊
	138	买办史话	潘君祥	顾柏荣
	139	四大家族史话	江绍贞	
	140	汪伪政权史话	闻少华	
	141	伪满洲国史话	齐福霖	

系列名	序号	书名	作者
近代经济生活系列（17种）	142	人口史话	姜涛
	143	禁烟史话	王宏斌
	144	海关史话	陈霞飞 蔡渭洲
	145	铁路史话	龚云
	146	矿业史话	纪辛
	147	航运史话	张后铨
	148	邮政史话	修晓波
	149	金融史话	陈争平
	150	通货膨胀史话	郑起东
	151	外债史话	陈争平
	152	商会史话	虞和平
	153	农业改进史话	章楷
	154	民族工业发展史话	徐建生
	155	灾荒史话	刘仰东 夏明方
	156	流民史话	池子华
	157	秘密社会史话	刘才赋
	158	旗人史话	刘小萌
近代中外关系系列（13种）	159	西洋器物传入中国史话	隋元芬
	160	中外不平等条约史话	李育民
	161	开埠史话	杜语
	162	教案史话	夏春涛
	163	中英关系史话	孙庆

系列名	序号	书名	作者		
近代中外关系系列（13种）	164	中法关系史话	葛夫平		
	165	中德关系史话	杜继东		
	166	中日关系史话	王建朗		
	167	中美关系史话	陶文钊		
	168	中俄关系史话	薛衔天		
	169	中苏关系史话	黄纪莲		
	170	华侨史话	陈 民	任贵祥	
	171	华工史话	董丛林		
近代精神文化系列（18种）	172	政治思想史话	朱志敏		
	173	伦理道德史话	马 勇		
	174	启蒙思潮史话	彭平一		
	175	三民主义史话	贺 渊		
	176	社会主义思潮史话	张 武	张艳国	喻承久
	177	无政府主义思潮史话	汤庭芬		
	178	教育史话	朱从兵		
	179	大学史话	金以林		
	180	留学史话	刘志强	张学继	
	181	法制史话	李 力		
	182	报刊史话	李仲明		
	183	出版史话	刘俐娜		
	184	科学技术史话	姜 超		

194

系列名	序号	书名	作者
近代精神文化系列（18种）	185	翻译史话	王晓丹
	186	美术史话	龚产兴
	187	音乐史话	梁茂春
	188	电影史话	孙立峰
	189	话剧史话	梁淑安
近代区域文化系列（11种）	190	北京史话	果鸿孝
	191	上海史话	马学强 宋钻友
	192	天津史话	罗澍伟
	193	广州史话	张苹 张磊
	194	武汉史话	皮明庥 郑自来
	195	重庆史话	隗瀛涛 沈松平
	196	新疆史话	王建民
	197	西藏史话	徐志民
	198	香港史话	刘蜀永
	199	澳门史话	邓开颂 陆晓敏 杨仁飞
	200	台湾史话	程朝云

《中国史话》主要编辑出版发行人

总　策　划	谢寿光	王　正	
执行策划	杨　群	徐思彦	宋月华
	梁艳玲	刘晖春	张国春
统　　筹	黄　丹	宋淑洁	
设计总监	孙元明		
市场推广	蔡继辉	刘德顺	李丽丽
责任印制	岳　阳		